核エネルギー言説の戦後史 1945–1960

「被爆の記憶」と「原子力の夢」

Akihiro Yamamoto
山本昭宏

人文書院

核エネルギー言説の戦後史1945―1960　目次

核エネルギー言説の戦後史１９４５―１９６０――「被爆の記憶」と「原子力の夢」

序章

問いの設定

日本は、広島から核エネルギーの生産性を学ぶ必要はありません。つまり地震や津波と同じ、あるいはそれ以上のカタストロフィーとして、日本人はそれを精神の歴史にきざむことをしなければなりません。広島の後で、おなじカタストロフィーを原子力発電所の事故で示すこと、それが広島へのもっともあきらかな裏切りです。(1)

これは二〇一一年五月号の『世界』に掲載された大江健三郎の言葉である。二〇一一年三月一一日の東日本大震災と、それによる津波が引き起こした原子力発電所の災害を受けて、大江は一九四五年八月六日を振り返り、それと「おなじカタストロフィー」が起きたことは「広島へのもっともあきらかな裏切り」であるとして、原発政策の転換を主張した。大江にとって原発は原爆と同じ災厄をもたらすものにほかならず、原爆を否定するものは当然原発をも否定するべきであると訴えているのである。

冒頭に大江の言葉を挙げたのは、その主張の妥当性を問いたいからではない。そうではなく、大江の言葉に象徴され、そして現代の私たちがともすれば無意識のうちに前提としがちな、「被爆の記憶」に鑑みて原発政策を考えなおす、という論理と心理とは逆方向の認識が、一九五〇年代に核エネルギーについて語る時に前提とされていたという、奇妙な事実を指摘したいからである。実は、大江のような認識は、一九五〇年代には全くといっていいほど存在していなかった。

　われわれは原爆の被害国であるから、その点を外国に訴えて、原爆の被害国は最もフェアーに原子力の研究をやる権利があり、必要量のウラニウムを平和利用のためにのみ無条件に入手する便宜をはかる義務を諸外国はもっているはずである、と主張すべきだというのである。(2)

物理学者の武谷三男が一九五七年に発表した文章からの引用である。大江の場合と全く逆に「被爆の記憶」が、原発の撤廃の理由としてではなく、むしろ「平和利用」の推進のために使用されていた。一九五〇年代においては、「被爆の記憶」は核エネルギー研究開発の推進と矛盾なく共存し、「原子力の夢」の駆動要因になることさえあったのである。

ここで浮かびあがってくるのは、戦後日本の輿論において、「被爆の記憶」と「原子力の夢」がどのように関連付けられてきたのか、という問いにほかならない[3]。この問いに答えるため、本書では、戦後日本社会のメディア言説を分析し、それを時代状況と突き合わせることで、「被爆の記憶」と「原子力の夢」をめぐる輿論のダイナミズムを解明したい。分析期間は、一九四五年の八月から一九六〇年までとし、分析対象は、同期間に様々なメディアに掲載されていた核エネルギーに関連する言説とする[4]。

まずは以下の三点について述べておこう。「被爆の記憶」と「原子力の夢」というふたつの概念を使用することの有効性はなにかという点と、なぜ分析期間を一九六〇年までに限るのかという点、そして、なぜ原子力や核ではなく核エネルギーという語を使うのかという点である。

近年の記憶研究が指摘するように、集合的記憶は想起と忘却の政治的力学による産物である。個人的記憶は、主にメディアを通して集合化・国民化されるが、その過程は記憶概念を導入することで解明しやすくなる。また、記憶という時間的概念は、核エネルギー認識の通時的変容を解明するのに適している。集合的な「夢」に関しても同様のことが指摘できるだろう。夢には個人的体験が反映されているが、メディアを通して共有されると、「夢」はあるべき社会像を目指す「闘争」の場へと変貌する。そこでは、何を記憶すべきかすべきでないか、何を目指すべきかすべきでないかという選択が不断に行われている。本書の問題意識に合わせて言うならば、被爆経験の想起は、「核戦争」の予感を高めつつ、原子力がもたらす輝かしい未来像に接続していった。そして「核戦争」が暗示する被爆経験は、「原子力の夢」を照らす光となることもあったのである。「被爆の記憶」と「原子力の夢」は、社会のメディア環境において幾重にも錯綜しながら言説的に構築されていったと考えられる。したがって、両者のうちのどちらか一方だけを取り出して分析するのではなく、両者の関係をみなければならない。

そして、「被爆の記憶」と「原子力の夢」が社会にある程度定着したのが、一九五〇年代であった。(5)未曽有の大運動となった原水爆禁止署名運動と、その後の原水爆禁止世界大会開催を経て、核兵器に反対する「被爆の記憶」は全国に定着したと言える。また「原子力の夢」に関しては、一九六〇年に福島県が原発誘致を表明したことが興味深い事実である。それ以降、一九六〇年代を通して、自治体による原発誘致、土地買収、原発建設という一連のルーティンが、地元住民の反対運動などがあったものの、ほとんど滞りなく進められていった。その背景には、一九五〇年代における核エネルギー研究開発体制の確立と「原子力の夢」の定着があった。もちろん「原子力の夢」のゆらぎまで射程に入れようとするならば、分析期間を短くをとったとしても「反原発」運動が起こる一九六〇年代の後半にまで、長く見積もると二一世紀の現代にまで広げなければならない。ただし、何かが終わった、あるいは終わりつつあるという議論はいつも耳目を引くが、そのことにより、それが開始され定着したことを根拠づける作業が、疎かになりがちである。一九四五年から一九六〇年までを分析期間とすることで、「被爆の記憶」に関してはその定着を、「原子力の夢」に関してはその定着と拡大、そして縮少を跡づけることができる。

「被爆の記憶」が言説的に構築される過程において、先の武谷のような語りが強く作用したことは間違いない。原爆の「被害国」の国民として、非体験者たちの間にも「被爆の記憶」は共有されるようになったのである。そして、その「被爆の記憶」があるからこそ「原子力の夢」を追求すべきであるという論理は、一九五〇年代を通して否定されることなく存在し続けてきた。「原子力の夢」を捨てるべきだという言説が、一定の層に受け入れられ、社会に循環し始めるのがいつからかという問題もあろうが、少なくとも本書が対象とする期間においては、「被爆の記憶」があるからこそ「原子力の夢」を追求すべきだという物語が疑われることはなかったのである。ブルデューが言うように、知識人の界は「力の場であると同時に、既成の力関係を変えるなり保持するなりすることを目指す闘争の場である」(6)。だが、少なくとも本書が対象とする期間における核エネルギー言説において、「闘争」はもっぱら「原子力の夢」をいかに描くかということに関して行われるか、あるいは核エネルギー研究開発の目指すべき方向をめぐって行われ、そもそも核エネルギー研究開発を行うべきかどうかを争点にした「闘争」は起こらなかった。

ただし、日本における核エネルギー言説は、何も一九四五年八月六日以降に限られるわけではない。中尾麻伊香の研究によれば、一九二〇年代から三〇年代には、例えばウェルズ（H. G. Wells）の小説などから着想を得た小説家や科学記者たちが、核分裂を錬金術的な物質変異のイメージで捉えていた。一九三八年に核分裂が発見されると、日本では物理学者の仁科芳雄がキーパーソンとなって、核兵器の実現可能性がメディアでも取り上げられるようになった。さらに戦時期には、最終兵器としての核兵器がメディアで言及されるようになっていたという[7]。

最後に、核エネルギーという用語について説明しておきたい。これまでは「被爆の記憶」と「原子力の夢」のどちらかのみに注目する研究が蓄積されてきた。しかし、両者をともに扱う本書にとって、核エネルギーという用語の設定は重要な意味をもつ。これは吉岡斉の問題意識に倣ってのことである。吉岡は「軍事利用と民事利用、あるいは民生利用と言ってもいいですが、両者を一体として捉えるには、やはり核エネルギーという言葉で一貫させるべきであろうと思うのです。原子力と言うと日本語ではどうしても、民事利用の方があたかも中心であるかのような印象を受ける」と述べている[8]。吉岡が忌避する「原子力」という言葉がもたらす印象(民事利用中心)が生み出され定着するのが一九五〇年代であった。そこで、本書では「軍事利用」と「平和利用」を一体としてとらえるために、原子力ではなく核エネルギーという言葉を使用する。ただし、原子力という言葉が持つ歴史性を強調したい場合は、適宜原子力の語を使用する。

先行研究との差異

まずは本書全体の問題意識と関係する先行研究を選んで概括し、それらとの関係において本書の立ち位置を明確にしておきたい。先行研究は以下の三つの群に分けることができる。第一に核エネルギー研究開発史と科学者運動史、第二に被爆体験論と反核運動史、第三に被爆の記憶研究である。

核エネルギー研究開発史のなかでも「平和利用」に関する研究は、代表的なものに、吉岡斉『原子力の社会史』（朝日新聞社、一九九九年）がある。吉岡は、日本における「平和利用」（もっとも吉岡は平和利用という言葉ではなく「民事利用」という用語を使用している）に関する歴史と議論の変遷を、鳥瞰的視座から通史としてまとめている。これまでも日本原子力産業会議による『原子力開発十年史』（社団法人原子力産業会議、一九六五年）や『原子力は、いま　日本の平和利用30年史』（上下巻、日本原子力産業会議、一九八六年）などが存在し、さらに政府系の研究開発機関や関係機関も独自の年史を発行しているが、それらが年表的記述に専念しているのに対し、吉岡の研究が優れているのは、日本の核エネルギー研究開発体制を「二元体制的サブガバメント・モデル」という枠組みを通して再構成したことにある。(9) ただし、吉岡の研究では、科学者は基本的に「二元体制的サブガバナント・モデル」の補佐役に甘んじてきたと把握されているため、科学者の役割を重要視していなかった。

山崎正勝『日本の核開発：1939～1955　原爆から原子力へ』（績文堂、二〇一一年）は、核エネルギー研究開発を推進した政界の動きと、科学者たちが果たした役割を測定し、それをアメリカの動向との関係のなかに置いて考察している。さらに山崎は同書のなかで日米原子力協定の承認過程に関する新資料の発掘と紹介を行っており、その点でも貴重な仕事である。科学者の具体的な言説や当時の平和利用キャンペーン、原水爆禁止運動までも分析対象にしている山崎の研究は、本書の問題意識と通底している部分も多い。また、広重徹『戦後日本の科学運動　第二版』（中央公論社、一九六九年）の「第七章　原子力と科学者」も見逃すことができない。これは占領終結後に科学者たちの間で起こった核エネルギー研究の方向性をめぐる議論から関西研究用原子炉の問題までを通史的に振り返り、そこで科学者たちがいかなる運動をしたのかを考察している。

さらに、核エネルギー研究開発に関する新聞社説を通時的に分析した研究としては、伊藤宏「原子力開発・利用をめぐるメディア議題　朝日新聞社社説の分析（上・中・下）」（『プール学院大学研究紀要』二〇〇四年・二〇〇五年・二〇〇九年）が存在する。終戦後から一九九〇年代まで、『朝日新聞』に掲載された「原子力開発・利用」に関する社説を分析し、設定された議題の変遷と『朝日新聞』の報道姿勢を解明している。

右に挙げた先行研究が考察対象としてこなかった被爆体験論や反核運動論についても、主要な先行研究を選択し、概括しておきたい。近年の被爆体験論や反核運動論の研究として、福間良明『焦土の記憶　沖縄・広島・長崎に映る戦後』（新曜社、二〇一一年）がある。福間は戦争体験論の地域による偏差とその通時的な変容を、沖縄、広島、長崎というローカル・レベルに注目し、時にナショナル・レベルの輿論を参照項にしつつ解明している。特に言説生成の背景に関する思想史的観点は、本書にとっても有益なものであった。また、反核運動論の観点からは、道場親信『占領と平和　〈戦後〉という経験』（青土社、二〇〇五年）の第二部が、冷戦下の平和運動を広範な資料をもとに整理・分析している。その他、丸浜江里子『原水禁署名運動の誕生』（凱風社、二〇一一年）は、原水禁署名運動の黎明期を当時の運動に加わった人々の証言なども取り入れながら、運動が高まっていく過程を精緻に分析している。また、被爆者運動史の通史として、日本原水爆被害者団体協議会・日本被団協史編纂委員会編『ふたたび被爆者をつくるな（本巻・別巻）』（あけび書房、二〇〇九年）を挙げることができる。しかし、やはりこれらの先行研究からは、核エネルギー研究開発史や、核エネルギーの「平和利用」に関する言説がこぼれ落ちている。

では、核エネルギー研究開発史と被爆体験論・反核運動史がこれまで接合されることがなかったのは、いかなる理由によるのだろうか。その原因の一つに、両者が厳格に守ってきた学問領域の境界という敷居があることは否めない。核エネルギー研究開発史に関するアカデミックな議論自体、どちらかというと科学史の領域で行われてきたように思われる。そこでは、被爆体験論・運動史は重視されにくかった。逆もまたしかりであろう。このような傾向は、一九五〇年代に核エネルギー研究開発に携わった科学者や政治家たちと、反核運動に関わった知識人たちとが、手を携えて形成し、定着していったものだと考えられる。つまり、核エネルギー研究開発側は、「軍事利用」を否定せねばならず、そうすることによって反核運動側と協働する余地を（実際に協働するかしないかは別にして）開いていた。反核運動側も、「平和利用」を推進すべきものとして肯定することで、核エネルギー研究開発側を後押ししたのである。しかし、それを歴史的に振り返る際には、核エネルギー研究開発史と被爆体験論・反核運動史とが、それぞれ個別の歴史として叙述されてきた。両者の関係が問われなかった要因はそこにある。それによって、核エネルギーを抱擁しながら、敗戦から復興、そして高度成長期へと至る時代を過ごした時代の心性が見過ごされてきたのではないか。

ただし、近年は、東日本大震災を受けて、一九五〇年代の核エネルギー研究開発と反核運動をつなぐ注目すべき試みがなされつつある。田中利幸とピーター・カズニックによる『原発とヒロシマ「原子力平和利用」の真相』（岩波ブックレット、二〇一一年）は、広島における平和利用博覧会の内容を解明しつつ、アメリカの戦略が被爆者を含む広島市民を「平和利用」賛成へと方向づけたと指摘している。また、有馬哲夫『原発・正力・CIA　機密文書で読む昭和裏面史』（新潮新書、二〇〇八年）のように、原発推進とその受容の背景に、日米の政治家や側近たちの思惑を読み込む試みもなされている。しかし、アメリカの戦略や特定の政治家の行動だけでは、広島の人びとをも含む戦後日本の国民大衆が「平和利用」を受容したことを説得的に説明することは難しい。確かに重要なアクターたちの思惑も重要だが、「平和利用」言説の共有化をもたらした要因はそれだけではないだろうからである。国民大衆が自らすすんで「原子力の夢」を見ようとしたという側面も、検討されてしかるべきではなかろうか。

占領下の核エネルギー言説を計量的に分析した研究としては、御代川喜久夫「占領下における「原子力の平和利用」をめぐる言説」(山本武利編『占領期文化をひらく　雑誌の諸相』早稲田大学出版部、二〇〇六年)が存在する。御代川は、プランゲ文庫の雑誌データベースを用い、占領下における原子力に関係する記事の経年変化と雑誌ジャンルごとの特徴を明らかにした。御代川の研究の主眼は計量的分析にあるため、言説は紹介されるにとどまり、その背景にある時代情勢に深い関心が払われているとは言い難い。また、計量的分析においては、言説の署名者のポジションの分析が不十分にならざるを得ない。例えば、同様の言説であっても、それを書いたのが誰なのかによって、社会への伝播力は自ずと異なるが、計量的分析だけではその点を深めることはできないのではなかろうか。

最後に、記憶研究について述べておく。広島を対象にした記憶研究の嚆矢として、Lisa Yoneyama, *Hiroshima Traces: Time, Space, and the Dialectics of Memory* (University of California Press, 1999)(＝小沢弘明、小澤祥子、小田島勝浩訳『広島　記憶のポリティクス』岩波書店、二〇〇五年)が挙げられる。米山は一九七〇年代以降の広島市の再開発や観光プロジェクト、平和記念公園や慰霊碑（原爆死没者慰霊碑、韓国人慰霊碑）証言活動を分析対象に、戦後の人々が八月六日を想起したり、被爆について発話したりする際に作動している政治性を浮き彫りにし、道徳的に否定し難いものとして無批判に受け入れられがちな平和言説のイデオロギー性を衝いた。

米山の問題意識は、近接する研究領域で継承、発展されてきた。直野章子は「ヒロシマの記憶風景　国民の創作と不気味な時空間」（『社会学評論』第六〇巻第四号、二〇一〇年）のなかで、米山が一九七〇年代の広島市の再開発を分析するさいに使用した「記憶風景（Memoryscape なお、邦訳文献では「記憶景観」という訳語があてられている）」という用語の概念化を試みている。建築史における波及としては、千代章一郎「平和景観試論　ヒロシマの都市空間の記憶とその継承に関する一考察」（『IPSHU研究報告シリーズ』第四二号、二〇〇九年）がある。千代の論が興味深いのは、「平和景観」の生成をめぐって、特定のシンボルやモニュメントがツーリズムによって消費されている点を分析した点である。地理学の分野における波及としては、阿部亮吾「平和記念都市ヒロシマと被爆建造物の論争　原爆ドームの位相に着目して」（『人文地理』第五八巻第二号、二〇〇六年）がある。阿部は広島の被爆建造物をめぐる存廃論争が、原爆の「記憶」と空間をめぐるせめぎあいの一環であるとして米山を支持する一方で、「記憶風景」の概念が戦後広島の復興期にこそ当てはまると指摘した。

「記憶」概念を方法論の軸に据えた研究としては、奥田博子『原爆の記憶　ヒロシマ／ナガサキの思想』(慶應義塾大学出版会、二〇一〇年)も挙げておかねばなるまい。奥田著には、「ヒロシマ・ナガサキの思想」を普遍化しようという著者の意図が随所に顔を出している。その意図自体には共感を覚える個所もあるが、ときに倫理的な訴えかけが過剰ではないかと思われる部分もある。「記憶」という概念を導入することの強みは、ヒロシマ・ナガサキをめぐる「お題目」の構築性を解き明かすことにあったのではなかったか。ただし、「記憶」や「語り」に関する研究は、価値相対主義的になりがちであり、その課題に対する回答として、奥田は決して相対化できない「ヒロシマ・ナガサキの思想」を確立しようとしている。その是非はともかく、研究者自身のポジショナリティが問われる「記憶」研究において、問題提起的な研究書であることは間違いない。しかし、ここでもまた「平和利用」言説は分析の対象から外されている。さらに、近年は文学研究の領域でも、被爆の記憶研究への関心が高まっている。個人と共同体とを繋ぐ「記憶のメディア」として文学作品を扱い、テクストに外在的な個別の生や社会状況との関連を読み込んでいく手法も広まりつつある。このような流れを活性化させた媒体として、二〇〇二年から発行が続く『原爆文学研究』と、そこに収められた諸論文が存在することも見落すべきではない。

これらの先行研究群に対して、本書では、様々な媒体で様々に語られ、語り直され、引用された多種多様な核エネルギー言説を包括的に分析し、言説生成の背景にあった多様な力学に注目することで、核エネルギーに関する輿論が生成し、定着し、変容する過程を描こうとする。

核エネルギー研究開発や原子力「平和利用」キャンペーンなどに関する史実を争点にするというよりも、それらがいかに議論され、そしてその議論がいかに社会に浸透し、「被爆の記憶」と「原子力の夢」を編成していったのかを明らかにすることが、本書の課題である。繰り返しになるが、「被爆の記憶」と「原子力の夢」という観点から核エネルギー言説を再検討する試みなくしては、一九四五年から一九五〇年代の核の輿論の実像を見誤ってしまいかねず、ひいては現代における核に関する議論の本質を図り損ねてしまうだろう。

本書の構成

こうした問題意識のもと、本書では、新聞記事のほか、論壇誌、科学雑誌、女性誌、文芸誌、映画雑誌、サークル誌といった雑誌メディア、さらに分析期間に刊行されていた核エネルギー関連の書籍、文学作品、映画作品、そして平和利用キャンペーンのパンフレットなどから、広く核エネルギー言説を収集・分析する。対象を特定のメディアに絞るのではなく、言説とその書き手の位置を俯瞰することで、核エネルギーの「平和利用」と「軍事利用」に対する輿論がどのように形成され、どのように変遷していったのかを総合的に提示できると考えるからである。

以下では、本書の構成を述べながら、これらの資料群を使用することの有効性を、まずは簡潔に検討していく。

第Ⅰ部では、一九四五年から占領終結直後の一九五二年までの核エネルギー言説の変遷を、主に知識人言説に注目して跡付ける。占領初期において、核エネルギーの「軍事利用」と「平和利用」はどのように認識され、それはどのような変遷をたどったのだろうか。プレス・コードによって原爆被害の実態を公表することが禁じられていた言説空間においては、核エネルギーはいかに語られていたのだろうか。これが第一章の問いである。

終戦直後においては、戦争を忌避する心情が強く作用しており、原爆の被害が明らかになっていなかったこともあって、全面戦争を不可能にさせる「抑止力」として、原子爆弾は肯定的に言及されることもあった。さらに、大規模な土木工事や台風の進路変更など、爆弾としての破壊力を「平和的」に利用するという案が、科学者の口から語られることもしばしばであった。しかし、核エネルギーの破壊力を条件付きで肯定する言説は、核兵器をめぐる世界情勢の変化によって徐々に姿を消していく。ソ連の原爆保有と朝鮮戦争の勃発によって、科学者たちは核戦争の危機と恐怖を口にするようになった。これによって、戦争「抑止力」としての「軍事利用」への拒否感が徐々に支配的になる一方、「平和利用」(民事利用)への期待は「軍事利用」言説から分離し、一九五〇年代中頃以降の原子力ブームを下支えする「原子力の夢」へと膨らんでいった。なお、このような科学者の言説が、新聞や総合雑誌、科学雑誌、女性誌、経済誌などあらゆる紙媒体に掲載されることで社会に循環していったことを見逃すべきではないだろう。また、第一章では、湯川秀樹のノーベル賞受賞報道を分析し、核エネルギーを含む物理学の研究が、戦後日本のナショナル・アイデンティティと結びついていったことを指摘する。

続く第二章では、占領終結後の被爆をめぐる議論と原子力研究の方向性をめぐる科学者たちの議論を分析する。占領終結にともない、原爆報道が解禁されたことで、被爆の悲惨に関する言説が急増した。そこでは被爆経験がいかに語られ、その語りはいかなる反発を招いたのか。被爆の実態に関する言説力学は「被爆の記憶」をどのように編成したのだろうか。

また、被爆をめぐる議論の起こりと同時期に、原子力研究の方向性をめぐっては科学者たちの間で論争が始まっていた。そこでは、日本のエネルギー問題や、世界の趨勢に遅れをとることを危惧する研究推進派と、現時点で研究を開始することはアメリカの支配下で研究を行うことと同義であり、軍事研究に転換する恐れが高いとする慎重派が対立していた。ただし、そこには単純に「推進派対慎重派」と分けることのできない共通点があった。両者はともに原子力研究を開始することを前提としており、争点はそれを開始する時期であった。学術会議総会の議事録から論争の言説を収集し、そこに「被爆の記憶」と「原子力の夢」がいかに作用していたのかを分析する。

第Ⅱ部では、第五福竜丸事件と原子力「平和利用」キャンペーンに焦点を当て、そのなかで「被爆の記憶」と「原子力の夢」がどのように位置付けられていったのかという問題を主な考察対象とする。

第三章では、第五福竜丸事件と原水爆禁止署名運動を中心的に扱う。第五福竜丸事件を契機に、杉並区の女性たちによる原水爆禁止署名運動が起こり、全国的に展開された。原水禁署名運動が大規模な運動になり、その当初において杉並の名前のみが前面に出た背景には、安井郁《かおる》の存在があった。この安井郁に注目し、原水爆署名運動が全国規模の運動になった要因を考察する。戦中に大東亜国際法に関する研究を行っていたために、戦後になって東大教授の職を追放された安井は、杉並区の住民運動に関わるようになっていた。安井は署名運動を率いる過程で、保守層も取り込みながら、広島・長崎とビキニとを接続し、署名運動を平和運動へと変容させていったのである。

この署名運動は、当初、「被爆の記憶」の国民化を急ぐあまり、被爆者救護の問題に言及していなかったが、運動の広がりとともに、広島・長崎の被爆者団体が、署名運動が取りこぼした被爆者救護の問題を焦点にしていった。広島・長崎の声によって、当初は想定されていなかった被爆者救護の問題が運動の軸に据えられるようになった。そして、広島・長崎の働きかけと署名運動の高まりを受け、一九五五年に原水爆禁止世界大会が開催されるのである。この原水爆禁止世界大会によって、原水爆への反対と「被爆の記憶」との結びつきが戦後日本のアイデンティティとして定着するに至った（第四章で触れるように、この時期には「原子力の夢」もまた、戦後日本のアイデンティティとなっていた）。このような過程を、当時のメディア言説を追いながら跡付けていく。

これらの分析に加えて、従来の研究では十分にすくいとることのできなかった国民大衆の心情を検討するため、黒澤明『生きものの記録』、亀井文夫『生きていてよかった』、『世界は恐怖する』といった映画作品の受容傾向から、当時の核エネルギー認識を照らし出す。映画作品そのものや作り手の意図を分析するのではなく、当時の映画雑誌や新聞に掲載された映画評から、その受容傾向を分析したい。

続く第四章が考察対象にするのは、原子力「平和利用」キャンペーンの問題である。「平和利用」がことさら強調されたのは、アメリカの思惑によってのみではなかった。第I部で確認するように、「平和利用」キャンペーンを受容する下地は、占領期から徐々に形成されていたのである。マスメディアが主導的役割を果たした一九五四年以降の「平和利用」キャンペーンは、占領期に埋められた種に豊富に水を撒き散らし、芽吹かせることに成功したと考えられる。ここでは、新聞記事や雑誌メディア、さらには「原子力平和利用博覧会」のパンフレットなどから、マスメディアによる原子力「平和利用」キャンペーンの広報史をたどるとともに、それを引継いだ産業界によるキャンペーンを分析することで、「原子力の夢」がどのように国民大衆へと浸透して行ったのかを分析する。

一方、第五福竜丸事件のインパクトを受けて、数は少ないながらも核エネルギー研究開発の推進に対する疑義が呈され始めていた。「被爆の記憶」と「原子力の夢」とが否定的に関係し合う言説が登場したのである。「平和利用」推進に疑義を呈した言説を確認するとともに、当時進行していた「平和利用」キャンペーンによって、この疑義が飲み込まれていったことを明らかにする。それを明らかにすることによって、原水爆に批判的な「被爆の記憶」と「平和利用」の推進力となる「原子力の夢」とが矛盾なく並列する状況が誕生したことを示す。

第五章が扱うのは、一九五〇年代後半、つまり核エネルギー研究開発体制が動き出した後の、コールダーホール改良型炉導入をめぐる議論である。そこでは耐震構造や原発作業員の放射線被曝の問題、さらには原発事故時の周辺住民の被曝の問題などが議論されていたにも関わらず、従来の核エネルギー研究開発史において、この議論は重視されてこなかった。いったい原子炉の「危険」と「安全」はどのように議論されていたのか、ベックの『危険社会　新しい近代への道』における「危険」と「安全」の合意形成の議論を参照しながら考察する。

その一方で、一九五〇年代の後半において、それまでの華々しい「原子力の夢」は、当面のところ潜水艦と原子力発電所にしか実用可能性がないとわかったこともあって、急速にしぼみつつあった。しかしそれはまさに「原子力の夢」が現実化していく過程でもあった。「平和利用」キャンペーンに関する研究は、キャンペーンへの期待感が一九五五年以降、一九六〇年代の高度成長期を通して接続していたという見方をとることが多く、「原子力の夢」の通時的な変容について関心を払ってこなかった。

「夢」が現実化する過程で、現実に付随する放射線被害の問題や原子炉の耐震性の問題が浮上したものの、それらの問題が輿論の関心を引き付けることはなかった。原子炉の安全性の問題はメディアによって報じられ、科学雑誌に関連する論考が掲載されることもあったが、もはやそれまでのように論壇誌で特集が組まれ、そこに文系知識人が論考を寄せるということはなくなっていた。そして、なし崩し的にコールダーホール改良型炉の導入が決まると、議論のアジェンダは消失し、原子力発電に関する知はブラックボックス化してしまった。第五章ではこのような過程も検証していく。

第Ⅲ部では、第Ⅰ部と第Ⅱ部では扱うことができない広島の言説を扱う。人々が被爆を想起するのは、なにも新聞報道や評論文に触れるときだけではない。小説や詩に内在する語りの形式もメディア言説の一種であろう。

第六章では、占領下において広島原爆の問題を扱った小説作品を取り上げる。被爆体験を持たない阿川弘之と、自らも被爆者であった大田洋子とを中心に、作品における語りと、第Ⅰ部で確認するような占領初期の核エネルギー認識との同質性を分析する。第Ⅰ部と第Ⅱ部では充分に扱うことができなかった「被爆の記憶」の語り方を分析することで、第Ⅰ部と第Ⅱ部の議論を相対化し、輿論の共時的位相差と通時的変容をいっそう明瞭に提示できると考える。

第七章では、地方文芸誌『広島文学』（一九五一年一一月～一九五九年五月、全一五号）と、サークル誌『われらの詩』（一九四九年一一月～一九五三年一一月、全二〇号一九冊）、『われらのうた』（一九五四年一一月～一九六三年六月、全五六号）の三誌を主な資料とし、適宜一九五〇年代の他のサークル誌や同人誌における言説を分析することで、広島市民の核エネルギー認識を解明する。第Ⅰ部と第Ⅱ部においては、ナショナル・レベルの「被爆の記憶」と「原子力の夢」の編成過程とその変容が深められてきたが、『中国新聞』のようなメディアではすくい上げられない広島の人びとの声については、ほとんど触れられていなかった。しかし、当然のことながら、市民は「上から」提示される公式の「記憶」や「語り」を一方的に受容するだけの存在ではない。市民が受容したいと思えるに足る「記憶」や「語り」が、定型として残っていくという側面も否定できないのではないだろうか。その意味で、広島市民の「被爆の記憶」と「原子力の夢」の関係を問うこの第七章は重要である。

最後に結論において、以上に取り上げた多岐にわたる核エネルギー言説を整理し、「被爆の記憶」と「原子力の夢」をめぐる輿論のダイナミズムを再検証する。そして、一九四五年から一九六〇年にまでの核エネルギー言説が、その後の時代の「被爆の記憶」と「原子力の夢」の関係をいかに規定していたのか考察する。

註

（1） 大江健三郎「私らは犠牲者に見つめられている　ル・モンド紙フィリップ・ポンス記者の問いに」『世界』二〇一一年五月、三二頁。

（2） 武谷三男「原子力」『自然』一九五七年一月号、四三頁。

（3） 福間良明『「反戦」のメディア史』（世界思想社、二〇〇六年）、佐藤卓己『輿論と世論　日本的民意の系譜学』（新潮社、二〇〇八年）などの先行研究が指摘しているように、輿論とは史実や論理に基づいた公的な議論を指し、その点で心情的感情的な世論とは異なる。もちろん両者を厳密に区分することはできない。しかし、知識人や全国紙、論壇誌における核エネルギー言説を中心的に扱おうとする本書にとっては、輿論の語がふさわしいと思われる。

（4） 本書では分析対象にしないが、当時の人びとの核エネルギーに関する認識を総合的に捉えようとするならば、言説だけでなく表象の問題も重要であろう。なお、占領期から一九五〇年代の児童向け出版物を対象に、核エネルギーの表象を分析した研究としては、小野耕世「思い出の「原子力時代」　戦後一九五〇年代までの児童文化状況の一側面」（『インテリジェンス』第一一号、二〇一一年）がある。また、特撮映画を対象に「原水爆イメージ」の変容をたどった研究には、好井裕明『ゴジラ・モスラ・原水爆　特撮映画の社会学』（せりか書房、二〇〇七年）があり、日本映画における原爆イメージをより幅広く分析した研究に、ミック・ブロデリック編著『ヒバクシャ・シネマ　日本映画における広島・長崎と核のイメージ』（柴崎昭則、和波雅子訳、現代書館、一九九九年）がある。

（5） 見田宗介は『社会学入門　人間と社会の未来』（岩波新書、二〇〇六年）で、一九四五年から一九六〇年までの時代心性を「理想の時代」、一九六〇年から一九七〇年代前半のいわゆる高度成長期を「夢の時代」として区分けしている。本書は、特に見田の区分を意識したわけではないが、原子力を平和目的に使って人類の幸福に寄与しようという心性を「理想」と呼んでも差し支えはないので、その意味では見田の時代区分を踏襲しているということになる。ただし、そのような心性を「理想」と呼べるとしても、言説として表面化するとそのような心性は限りなく「夢」に近い無邪気な未来像をとることが多かったため、本書では「原子力の夢」の語を使用する。

（6）ピエール・ブルデュー『構造と実践』石崎晴己訳、藤原書店、一九九一年、一二五頁。

（7）核エネルギー認識の戦前からの連続性という問題は重要だが、戦前、戦中の言説に関しては本論の手に余る問題である。ここでは、先行研究 NAKAO Maika, "The Image of the Atomic Bomb in Japan before Hiroshima," *Historia Scientiarum*, vol.19-1 (2009), 119-131.と長山靖生『日本SF精神史　幕末・明治から戦後まで』（河出書房新社、二〇〇九年）を挙げるにとどめ、さしあたっては本論の対象外としたい。

（8）吉岡斉、笹本征男「核時代とは何か」『現代思想』一九九六年五月号、七二頁。

（9）「二元体制的サブガバメント・モデル」とは、電力・通産連合と科学技術庁グループの二つの勢力の連合体が、高度な自律性をもち、国家政策の決定権を事実上独占するという枠組みである。詳しくは吉岡斉『原子力の社会史』朝日新聞社、一九九九年、二四―二六頁。

第Ⅰ部　占領と核エネルギーの輿論

第一章　占領下の「原子力の夢」

本章では、占領下の核エネルギー言説を分析することで、占領下において核エネルギーの「軍事利用」と「平和利用」に関する認識がいかに編成され、方向づけられたのかを明らかにする。具体的には、仁科芳雄や湯川秀樹、武谷三男をはじめとする科学者に注目し、彼らが核エネルギーをいかに語ったのか、さらにそれがメディアによっていかに拡散されたのかを、背景にある時代情勢を考慮にいれながら考察していく(1)。

ここでは科学者に注目するが、本章に限らず、本書では主に知識人の言説を分析していく。では、知識人に注目する理由はどこにあるのだろうか。

リオタールやサイードが示唆したように、近代の知識人は卓越した象徴権力を有していたと考えられる(2)。その権力は、彼らの言語的能力に裏打ちされた知識や情報の伝達技術と、教養という名で呼ばれる文化資本の蓄積が生み出す正統性のイメージによって保証されていた。その力能を有するからこそ、知識人たちは混沌とした状態でしかない特定の時代の諸現象を、言語によって「時代状況」として構築し得る者であるとみなされたのである。(3)「時代状況」なるものの一側面は、知識人の言説をメディアが報じることで、公衆に共有されるといえる。

科学が称揚された戦後日本において、科学者は知識人の中でも強い象徴権力を有していたと考えられよう。とりわけ、核分裂の専門家とみなされた原子核物理学者は、核エネルギー認識に関する言説編制にひときわ強い影響力を持っていた。科学者による核エネルギー言説は、新聞や総合雑誌、科学雑誌、女性誌、経済誌などの紙媒体に掲載され、さらには同様の語り口が再生産されることで社会に浸透していった。したがって、占領下における科学者たちの核エネルギー言説と、当時の国民大衆の核エネルギー認識には、ある程度の連関を見いだすことができる。

科学への期待感

現代社会では科学技術信仰が揺らぎつつあるが、少なくとも本書が扱う戦後日本社会において、科学や技術という言葉には特別な意味が与えられていた。

その背景には、科学とそれに伴う合理的思考が民主主義国家建設の鍵であるというイデオロギーがあり、人々の生活に恩恵をもたらすものだという通念があった。例証として次に挙げるのは、文部省が一九四六年から一九四七年にかけて発行したパンフレット『新教育指針』である。過去の日本の反省として「科学精神の欠如」を挙げたあと、日本の発展には科学精神の底上げが不可欠であるとしてパンフレットは以下のように述べていた。

要するに自然現象に対しても社会生活に対しても、真実を求めて科学的精神をはたらかせ、そこに自然科学による物質文明の進歩と、社会科学による社会生活の向上とをもたらすことが、新しい日本を建設する大切な条件である。後に述べるような「民主主義の徹底」も「平和的文化国家の建設」もこの科学的精神を欠いては成り立たないであろう。(4)

戦後日本はその出発に際して、人文科学をも含む広い意味での科学を「民主主義」と「平和」の源であると位置づけ、その延長上に「新しい日本」を置こうとしていたことがみてとれる。

加えて重要なのは、アジア・太平洋戦争の敗戦が「科学戦の敗北」として理解されていたということである。その場合、例えば以下の言説が端的に示しているように、科学という言葉には、新型爆弾である原子爆弾が含まれていた。

わが国からはこれに比肩すべき新兵器はついに現れなかった。総力戦の一環としての科学戦においても残念ながら敗北を喫したのである。もちろんこれには多くの理由があるであろう。例えば原子爆弾の場合においても、人的、および物的資源の不足、工業力、経済力の貧困等を挙げることができるであろう。一言にしていえば、彼我の国力の大きな差異が物を言ったのである。敗戦の原因が人々によって色々と挙げられているが、全ては結局彼我国力が懸絶していたことに帰着するのであって、最高指導者がこの点を無視したこと自身が最も非科学的であったといわねばならぬ。(5)

これは湯川秀樹の戦後最初の評論とされる文章であり、「静かに思う」という題で『週刊朝日』一九四五年一〇月二八日・一一月四日合併号に掲載されたものである。冒頭には、「八月十五日御仁慈深い、聖断を拝して以来、いろいろな意味で勇気と努力とが足りなかったことを痛感し、幾つか新聞や雑誌からの執筆の依頼も固く辞退して、反省と沈思の日々を送ってきた」と書かれている。湯川秀樹が戦時中に原爆開発を目指したF号研究に関わったことは、よく知られているとおりであろう。日本の科学者たちは、原爆製造の実現可能性がほとんどないことを知りながら、戦時下においても基礎研究を継続するためにF号研究やニ号研究に参加したという説もある。(6)いずれにせよ、日本の原爆開発は極めて小規模なものであった。したがって、湯川の反省は、原爆研究に関わったということよりも、それへの積極的批判をなしえなかったことにあったとみるべきなのかもしれない。

湯川は戦後日本の出発に際して、原子爆弾を引きながら科学戦の敗北を言い、それゆえに科学は重要なのだと強調していた。先に挙げた『新教育指針』における「新しい日本」というスローガンの根幹にも、湯川と同様の認識が存在したと考えられる。非科学的な日本が科学的なアメリカに敗けたという認識が、科学の称揚につながっていったのである。「科学と非科学」のような二項対立の思考枠組は、他にも「西洋と日本」「近代と前近代」などが挙げられるが、戦後の知識人言説は、これらの二項対立を前提としており、低次から高次への転換点として、敗戦を位置づけようとした。「新しい日本」「民主主義」「平和」「原子爆弾」といった言葉は、どれも科学と関連づけられて語られたのである。

また、戦後の科学者の位置を知る際、考慮から外せない組織に民主主義科学者協会（以下民科と略記）がある。民科は、戦前のプロレタリア科学同盟と唯物論研究会のメンバーを母体にした科学者団体であり、戦争の反省から科学者はより積極的に政治に関わるべきだと謳っていた。また、一九四九年に設立された日本学術会議に少なくない会員を送り出しており、戦後の学界において最も影響力のある組織のうちの一つであった。その名称自体が、科学を称揚した戦後の空気を体現しているが、さらに興味深いのは、民科内部において自然科学が特権的位置を占めていたということである。

結成当初の民科は戦争責任の追及を掲げていた。しかし、民科の作成した戦争協力者リストが対象とした領域は「政治」「経済」「歴史地理」「哲学」「農業」に限られていた。(7) リストにない「教育」分野については日教組が担当することが決まっており、「文学」分野では新日本文学会がいち早く戦争協力者を糾弾していた。そのことを鑑みれば、自然科学者の責任が問われなかったのは異例であるといえよう。(8)

このように「科学」という語がことさらに強調された言説空間において、科学者が発言力を増大させていったのは当然のなりゆきであった。本書が対象とする核エネルギー言説に関して言うならば、科学者のなかでも特権的地位を占めたのは原子核物理学者である。負の側面を最悪の形で開示することにより、一躍世界にその存在を知らしめた核エネルギーは、占領下日本に住む大多数の人間にとっては全く新しいエネルギーであり、それだけに、核エネルギーに関する専門的知識を有していた原子核物理学者たちは、ジャーナリズムに求められて様々な媒体に登場することになった。

日本で最初に原子核実験室が創設されたのは一九三五年、理化学研究所(以下、理研と略記)においてであった。理研は一九三七年四月に小サイクロトロンを完成させ、核物理や放射線生物学の研究を開始。また、一九四四年一月には大サイクロトロンでの実験を開始していた。(9) 荷電粒子を加速させることで人工的に新たな粒子を作り出すサイクロトロンは、原子核物理の実験に欠かせない装置であった。同じく、京都帝国大学では荒勝文策を中心に、大阪帝国大学では菊池正士を中心に、それぞれサイクロトロンの建設が戦時中に開始されていた。これらの研究室で原子核研究の実験を行った物理学者には、「日本における量子力学の父」と呼ばれることもある仁科芳雄、東京大学教授を経て原子力研究所の理事などを歴任した嵯峨根遼吉らがいる。また理研、京都帝大、大阪帝大を行き来して研究生活を送った原子核物理学者には、湯川秀樹、武谷三男、朝永振一郎、坂田昌一、伏見康治、菊池正士、渡辺慧らがいた。後に確認するように彼らは様々な媒体に登場し、核エネルギーに関して発言していった。

ただし、科学が称揚され、科学者が特権的地位に就いた占領下の日本において、全く自由な言論活動が行われていたのかというと、そうではなかった。よく知られているように、GHQが発布したプレス・コードによって、検閲制度が敷かれ、占領軍にとって不利益となる言論活動は規制されていたのである。プレス・コードに関しては多くの先行研究が存在するため、ここでは先行研究による知見を簡潔にまとめておきたい[10]。

GHQは一九四五年九月一九日に日本政府にあてて一〇条からなるプレス・コードを指令した。これに基づき、一〇月八日以降、東京の五社の新聞社は事前検閲を課された。新聞社はすべての記事をGHQの参謀第二部民間諜報局の民間検閲支隊（CCD）に提出せねばならなくなったのである。以後、書籍、雑誌にも事前検閲が課されることとなり、これは一九四七年一〇月一五日に、一部の出版社を除いて書籍が事後検閲に変更されるまで続いた。雑誌に関しては同年一二月一五日に、新聞に関しては一九四八年七月二六日に事後検閲に移行した。

検閲の開始により、原爆報道は「公共の安寧を犯す」という理由で、削除の対象となった。それ以前には、例えば九月四日の『朝日新聞』に広島の惨状を示す写真が掲載されるという事例もあったが、そのような原爆被害の実態を明らかにするような報道は、ＧＨＱにしてみれば、悲惨を強調することで占領軍に対する反感を煽る恐れがあったため、検閲により削除する必要があったのである。このことは裏を返せば、決して反米感情を煽らないような、例えば原子爆弾による平和を肯定的に捉えるような言説は、削除されなかったということでもある。そのため、詳しくは後にみていくが、占領下に流通した核エネルギー言説は基本的に平和と結びつけられて語られる傾向があった。

原子爆弾と平和

占領軍の手は原子核物理学の研究にも及んだ。原子核からエネルギーを発生させるような実験は禁止され、一九四五年一〇月には、理研と京大と阪大が所有していたサイクロトロンが破壊された。[11]さらに、前述したように、プレス・コードの制定によって、占領軍の不利益となるような形式で原爆の被害を公表することは禁止された。これにより、占領下の言説空間から核エネルギーのネガティブな面は排除され、核エネルギーがもっぱら肯定的に言及される下地が整ったのである。

原子爆弾について、科学者自身の手による最初の解説論文は仁科芳雄「原子爆弾」（『世界』一九四六年三月）であった。この論文をみる前に、まずは仁科芳雄と彼が参加した原爆被害調査について述べておこう。

仁科芳雄は一八九〇年生まれの物理学者である。ニールス・ボーア（Niels Bohr）のもと、ヨーロッパで量子力学を学び、一九二八年に帰国してからは各大学で量子力学の講義を行った。なかでも一九三一年に京都大学で行った量子力学の集中講義は、湯川秀樹や朝永振一郎、坂田昌一らが聴講していた。戦後は理化学研究所に研究室を持ち、日本の原子核研究を本格的に開始していった。

仁科の経歴で興味深い点は、一九四五年八月八日、大本営が陸軍の技術将校を中心に結成した大本営調査団に加わり、被爆地調査を行っていることである。[12] 仁科に白羽の矢が立ったのは彼が二号研究として知られる原爆研究プロジェクトの責任者を務めていたからであった。

そもそも、仁科が二号研究において、どれだけ原子爆弾の開発に熱情を注いでいたのか、残された資料からは判断できない。しかし、原爆投下の報を知り（正確にいうとその時はまだ広島に落ちたのが原子爆弾かどうかはわかっていなかったが）、責任の重さを痛感していたであろうことは、広島を訪れる直前に書き残したメモから推測することができる。[13] その後、仁科は広島調査において、感光したフィルムを発見し、投下されたのが原子爆弾であると確信するに至る。

日本軍による広島調査には、仁科以外にも全国から科学者が

図1　仁科芳雄

動員されていた。八月六日に京都師団司令部が京都帝国大学に広島調査を要請し、荒勝文策を中心に調査団が編成された。荒勝は、京都大学理学部の原爆開発計画であるF号研究の責任者を務めていた人物であった。八月七日には海軍省が海軍広島調査団を派遣し、大阪帝国大学にも広島調査を要請、ここには物理学者の浅田常三郎が加わった。さらに内閣に設置された臨時原爆対策委員会が広島に技術院調査団を派遣、同時に、陸軍省医務局が軍医からなる陸軍省広島災害調査班を派遣した(14)。

さて、ここで『世界』に掲載された仁科芳雄の解説論文、「原子爆弾」に話を戻したい。この論文の冒頭は「太平洋戦争終戦の契機をつくった原子爆弾は純物理学の偉大な所産で、背景として強力な技術力、工業力、経済力、資産源を有している大組織により完成せられたものである」と語り起こされていた。これは被害や加害を想起せずに済むという意味で、極めて巧妙な記述であろう。そして、仁科は世界平和への期待をアメリカに託していくことになる。

今日原子爆弾を製造し得るのはアメリカだけである。そしてこの国は平和を愛し、侵略を否定する国である。こんな国が原子力の秘密を独占し得る間は、侵略行為は不可能であり、従って世界平和は保持せらるることとなるであろう。即ちアメリカは世界の警察国として、原子爆弾の威力の裏付けによって国家の不正行為を押え、国際平和を維持し得る能力を有しているのである(15)。

原子爆弾を有するアメリカが「世界の警察国」として平和を維持してくれるという論法である。アメリカに平和を維持してもらうしかないという仁科の認識の背景には、一九四六年に創設された国連原子力委員会と、アメリカが提案していた原子力国際管理案の存在があった[16]。終戦直後はアメリカのみが原子爆弾を保有していたわけだが、ソ連をはじめとする他の国家が原子爆弾の開発を目指すことは必至であり、原子爆弾の製造競争が始まるようなことがあれば、世界は文字通り広島・長崎のように壊滅してしまう、そのような危機感を仁科は持っていた。したがって、アメリカ主導で核エネルギーを国際的に管理するという試みは、仁科にとって肯定的に評価できるものであった。

では、仁科は兵器としての原子爆弾をどのように理解していたのだろうか。一九四六年五月に発表された「日本再建と科学」という評論文のなかでは、以下のように述べられている。

ある期間を経過すれば、広島・長崎の場合と比較にならぬ程強力な原子爆弾を、地球上二つ以上の国が所有することになり、それ等の国が戦争を始めると極めて短時日の間に回復すべからざる打撃を凡ての交戦国に与えてしまうであろう。これは決して空想ではなく現実である。こんな状況に於ては誰しも戦争を始める気にはなれないであろう。原子爆弾は最も有力なる戦争抑制者といわなければならぬ。戦争のなくなった平和の世界に於ける我々の物心両面の文化は如何に豊かなものであろうかを考えただけでも、科学の人類発達

に及ぼす影響の大さが知れるのである。(17)

このように、仁科は「戦争抑制者」として、という留保つきではあるが、原子爆弾の破壊力を肯定的に評価している。戦後秩序の安定化を担保するものとして、原子爆弾を重要視する言説は、決して珍しいものではなかった。

物理学者の武谷三男もまた同様の見解を表明していた。武谷三男は一九一一年福岡に生まれ、台北高等学校を経て、一九三一年に京都帝国大学に入学した。入学後の武谷は左翼運動に参加、一九三五年には新村猛、中井正一らと『世界文化』を創刊し、反ファシズム戦線に加わった。理論物理学者としての功績は、坂田昌一とともに、湯川の中間子論を整備発展したことが挙げられる。武谷は大阪大学の菊池正士のもとでサイクロトロンの実験に従事した後、一九四一年から理研に所属し、そこで二号研究のメンバーとなった。そこではウランの熱拡散法の研究を担当していた。そして研究が継続中の一九四四年に、左翼思想の勉強会を開いていたという理由で特高に検挙され、八月六日の原爆投下の報を取調中に知ることになる。(18)

武谷三男は、戦争の悲惨を強調した上で、その悲惨な戦争を防止するものとして原子爆弾を把握していた。

もし将来の戦争において無制限に原子爆弾が使用されるならば人類の滅亡となるであろ

う。しかし原子爆弾に特に非人道性を帰することはできない。非人道はむしろ戦争そのものにあるのであって、原子爆弾が将来の戦争防止の有力な契機になる事がむしろ考えられる所である。[19]

さらに武谷は原子爆弾の意義を様々な角度から語っている。例えば、原子爆弾の製造に重要な役割を果たしたボーアやフェルミ（Enrico Fermi）がそれぞれドイツとイタリアからの亡命者であることを挙げ、「原子爆弾はその最初から反ファッショ科学としての性格を強くもっていたのである」と指摘していた。[20] さらには、原子爆弾の「技術論的意義」として、アメリカの工業力だけでなくアメリカの労働者の「民主主義的原動力」を高く評価していた。[21] このように武谷は戦後民主主義の価値観に合致するものとして原子爆弾を位置づけようとしていたのである。

図２　武谷三男

このように政治的信条の区別なく、仁科も武谷も一定の留保をつけながら、原子爆弾を肯定的に言及する態度が共有されていたといえるだろう。原子爆弾を肯定する認識は、なにも科学者だけに限ったことではない。一九四七年八月六日の広島平和祭に当時の総理大臣・片山哲が寄せたコメントは、以下のようなものであった。

かつては軍都として栄えた廣島市が僅か一個の原爆によってヴェールを吹き飛ばしかつ日本を平和へ導いた。あの感慨深き回顧の数々は吾々日本国民のみに止らず、世界の人々にまでこよなき教訓になったと私は確信するものである。すなわち世界平和発祥の地廣島の未来永劫に記念さるべきは当然であり、第二のメッカと称さるるも故なきに非ずと私は思う。[22]

ただし一九四七年の時点で、原子爆弾とそれを有するアメリカが戦後世界に平和をもたらすという前述のような言説には、早くも変化が生じつつあった。『世界』に掲載された仁科芳雄の論文では、平和をもたらすアメリカという認識に代わって、平和をもたらす「世界国家」という言葉が登場する。

原子爆弾はこれを持っている国にとっては持たぬ国に対する必勝の武器である。したがって国際間の紛争が一旦武器に訴えてこれを解決することに立ち至れば、最早凡ての条約の廃棄を意味するのであるから、当然原子爆弾の製造を始め、先を争ってこれを使って相手を倒そうとする国が出てくるのは経験から見て避くべからざることである。これを防ぐには戦争そのものを起こすことが不可能であるような国際間の組織を樹立せねばならぬ。それは当然世界国家の建設に導くであろうし、原子爆弾は恐らく世界国家の警察力を裏付ける武器となるであろう。[23]

ここでは「世界国家」と書かれているが、その意図するところは「世界政府」と同じだとみなしてよい。一九四五年の秋、アインシュタインが「世界政府」の必要性を訴える議論を始め、世界に波紋を投げかけていた。アインシュタインは、来るべき米ソの核兵器開発競争を予見し、国家主権のなかでも軍事に関する権限を「世界政府」が引き受けるべきだと主張したのである。[24]日本においては、徳川義親、藤田裕康によって一九四五年九月に設立された世界恒久平和研究所が「世界国家」を目指す運動をけん引し、機関誌『一つの世界』を発行していた。仁科が「世界国家」という語を使用するに至ったのは、このようなアインシュタインの議論や日本における「世界国家」思想の受容にある程度共感していたことを示している。ソ連と対立するアメリカが原子爆弾を保有している現状が危険であるならば、原子爆弾は世界の警察となるべき「世界国家」が、戦争抑止のために保有すべきだと、仁科は考えたのである。

原子爆弾を保有するべき主体が、アメリカから「世界国家」に変わったとはいえ、その破壊力を戦争抑止のために役立てるという認識は揺るがない。被爆地の惨状を知っていた仁科にしても、一九四七年の時点では、新型兵器そのものに対する疑念を表明することはなかった。むしろ、「平和利用」の見通しはほとんどついていないと前置きした上で、「ただ一つ日本で使える方法があるかもしれない。それは台風ですね。台風の進路を曲げるとか、あるいはぶち壊してしまうとか」として、あくまで爆弾としての破壊力に注目していた[25]。

「原子力の夢」の定着

占領下の言説空間において、原子爆弾と結びつけられたのは平和だけではなかった。一九四八年以降、科学者たちは、平和以外にも様々な希望を原子爆弾に仮託していった[26]。将来予測される核エネルギーによる恩恵への一里塚という意味で、原子爆弾は希望として認識されたのである。生活を豊かにするものという観点から核エネルギーが語られるようになった背景には、アメリカの動向があった。

一九四七年九月、トルーマンが核エネルギー研究の副産物である放射性アイソトープ（同位体）を医学研究のために海外の研究所に提供することを申し出ていた[27]。研究用アイソトープの輸入は一九五〇年に実現し、仁科芳雄の元に届けられることになる。核兵器の国際管理をめぐる米ソの論争が行き詰まりを見せていたなか、アメリカからのアイソトープ提供というニュースは、核エネルギー研究の「平和的利用」として肯定的に報じられたのである。このような期待と並行して、例えば以下のような言説が登場する。

原子物理学自身もまた、逆に原子爆弾から大きな恩恵を受け、研究が一段と促進されることとなるであろう。そして人類が自ら誤って破滅の淵に投じない限り、科学の道はさらに続いて行くであろう。私どもが待望している中間子を、実験室内で自由自在に創り出し得る日も遠いことではないであろう。宇宙線をめぐる数々の謎もやがて解かれるであろう。その途上においてどんな大きな副産物が得られるか、私どもは予想することができないのである。しかしそれが結局において人間生活を豊かにし、地上に永続的な平和をもたらすに充分なものであろうことは、疑いを容れないのである。(28)

このようにして見出された自然の新しい性格は、私どもにそれが物質とエネルギーの両面にわたるほとんど無尽蔵ともいうべき資源として、将来活用され得るものであるという大きな希望を与えることになった。原子爆弾の成功はこの希望の実現へ向かっての第一歩であった。今後における原子力の平和的活用が人間の福祉にどんなに大きな貢献をするか、おそらく私どもの想像以上であろう。(29)

一九四八年の湯川秀樹による文章からの引用である。ここでは原子爆弾と核エネルギーの「平和利用」が、未分化のまま、恩恵や希望という言葉で語られている。

当時の科学界において仁科と同様、強い象徴権力を有していた湯川の言説にみられる核エネルギー認識は、他の科学者たちにも広く共有され、彼らの言説の中で「原子力の夢」が具現化していった。仁科と武谷が早くから核エネルギーを肯定的に捉えていたのはすでにみたが、当時のメディア言説を調査した限りでは、同種の言説が増えるのは、湯川の発言以降のことである。物理学者の嵯峨根遼吉は一九四九年の著作で以下のように述べていた。

一ヵ所でごくわずかの燃料で強大な爆発力を利用できるという点から、大規模な運河あるいは湖水をつくろうなどという利用方法も考えられるし、あるいは海流を変化させるというような思いもよらない土木工事が可能になり、大山を移すということも一発ですむのではないかともいえる。このような点でほぼ確実な見込みがあるといわれているものに気象の管理という問題がある。すなわち日本に毎年やってくる台風がそれだ。（中略）その渦と同じ程度のエネルギーのものが使えるということは、その渦の進路を曲げる可能性が皆無とはいえないであろう[30]。

ここでは、台風の進路変更のために核エネルギーが有効であると述べていた仁科の言説が拡大再生産されていた。運河や湖水を作る大規模な土木工事、そして「ほぼ確実な見込みがある」気象の管理などが核エネルギーによって可能になるかもしれないと語られていた。嵯峨根は一九四九年に、今度は『東洋経済新報』誌上の座談会で、「日本は毎年台風で何百億円も損をしておるのですが、あれがたった十キロか二十キロ離れてくると雨が降ってくれて大変具合が良いのです。で、台風がどいてくれるように、適当の時期に巧いところに原子爆弾を落としてくれれば可能だと思います。そういう試験を早くやってくれ、というのがわれわれの希望です」として、同様の見解を繰り返している(31)。

また、物理学者の渡辺慧は、核エネルギーが化石燃料に代わって豊富な動力源となるという嵯峨根と同様の見通しを示し、機械中心の生産形態が主流となることで物資が必要に応じてほとんど無労働で生産される時代が来ると述べた。そして、「このようにして、物質的な価値が消滅する結果として、資本主義的な「競争の思想形態」も、社会主義の「団結の思想形態」も、古物商の店ざらしとなることは必然である」と力説し、新たな社会秩序への転機を核エネルギーから引き出そうとした(32)。

さらに、武谷三男は「原子力の思想的意義」として以下のように述べていた。

原子力が思想的に何をもたらしたかという問題について考えてみると、それは、ザインとゾルレンの分離に対して一つの決定的なピリオドを与えたということだ。(中略)原子爆弾が、科学的に製造されてこれをいいように使おうか、悪いようにつかおうかは人間の道徳の問題である、ときめてしまう哲学者もいるが、それは全然間違いである。原子力は悪いように使える代物ではない。必ずいいようにしか使えない代物である。人類が、すべて生の本能をもっている限り、人類絶滅の道具として使用することはあり得ない。道徳の問題としてでなく、ザインとしてそういう事はあり得ない(33)。

存在（ザイン）と当為（ゾルレン）を止揚するものとして原子力を位置づけ、人の生存本能として絶滅することはあり得ない以上、原子爆弾は使えないのであるから、核エネルギーは「いいようにしか使えない代物」というのが、武谷の主張であった。アメリカのみが原子爆弾を保有していた一九四八年においては、この主張はある程度の現実感を持っていたとも考えられるが、ソ連が早晩原爆を開発するであろうことは予想されており、それを思えばやや楽観的すぎる見解とも言える。

例示した言説はすべて物理学者のものであるが、核エネルギー解放の負の側面である放射線障害についての知識を多少なりとも有していたはずの物理学者が、このような「原子力の夢」を披露していたことを思えば、同様の論旨をもつメディア言説が流布したのも、全く不思議なことではない。物理学者たちが「原子力の夢」を語ることによって、核エネルギーへの期待感が言説的に構築され、他ジャンルの媒体にも広がっていくことになる。

飯田幸郷による児童向けの科学啓蒙書『少年名著文庫　原子爆弾』（昌平社、一九四八年）の第二六章「原子力時代」では、汽船の動力や暖房器具への応用、医学分野への応用などが期待されていた。また、『自由評論』一九四八年二月号の「東西気流　原子力時代　破壊から建設へ」という記事においても、「ラジオアイソトープの医学や薬学、農学の分野での利用、現在よりも一〇倍の硬度をもつ鉄やアルミニウムの製出、電気抵抗の殆どない電線の製造、原子力による人工降雨」などへの応用可能性が説かれていた(34)。

「軍事利用」と「平和利用」

ただし、核エネルギーの「平和利用」が伴う放射線の問題を指摘する言説もわずかながら存在していた。工学者の崎川範行は、「平和利用」の現状が、軍事用プルトニウム製造の際の副産エネルギーを使用しているに過ぎず、ほんとうの意味での平和的利用とは言えないとして次のように述べていた。

> それに原子力の平和的利用に伴うもう一つの厄介な問題がある。それはそのエネルギー発生に際して危険きわまりない放射線の発生を伴うということであり、この見えない殺人力を防ぐために大げさな防御装置が必要となってくる。その防御のためには装置を少なくとも一米以上の厚い鉄板で囲む必要があり、その点からも小型な輸送機関などの動力にはなり得ないという欠点がある(35)。

「軍事利用」と「平和利用」とは単純に分けられるものではないという指摘は、新聞の社説においても見られる。一九四八年二月三日付の『朝日新聞』の社説「原子動力化の実現する年」は、「平和的使用のために、放射性同位元素を製造するためにも、または動力を発生させるためにも、ウラニウム・パイル（原子炉）が必要であるが、このウラニウム・パイルはまた原子爆弾用のプルトニウム生産のため必要なものである。このように、初期の工程においては、平和的利用と軍事的利用との間に、技術的に切りはなせない関係があるのである」として、両者の関係性を強調していた。

先に、原子爆弾の破壊力が留保つきではあるが肯定的に言及されていたと述べたが、アメリカのみが核兵器を保有していた一九四八年当時は、核実験もまた肯定的に捉えられることがあった。仁科芳雄は以下のように述べている。

科学は真理追究という人の本能の現れであるから、これを抑制することは不可能である。（中略）寧ろ科学の画期的進歩により、更に威力の大きい原子爆弾またはこれに匹敵する武器をつくり、若し戦争が起った場合には、広島、長崎とは桁違いの大きな被害を生ずるということを世界に周知させるのである。（中略）若し現在よりも比較にならぬ強力な原子爆弾ができたことを世界の民衆が熟知し、且つその威力を示す実験を見たならば、戦争廃棄の声は一斉に昂まるであろう。かようにして、初めて原子力の国際管理はその緒につくのではなかろうか。(36)

この時点では世界から戦争をなくし、さらに核エネルギーの国際管理を達成することが第一に目指されていたのであり、そのような文脈においては、仁科のような提案が新聞に載ることもあり得たのである。実際、例えば核爆発によって大規模な土木工事を行うという提案と、核実験によって戦争放棄を訴えるという提案に、どれほどの違いがあるだろうか。これらの事例が示すように、ソ連が原爆を保有する前であり、核エネルギーの「平和利用」が具体化する以前の一九四八年の時点では、核エネルギーの「軍事利用」と「平和利用」とは、必ずしも明確に区別されていたわけではないと言えよう。

ソ連の原爆保有と湯川秀樹のノーベル賞受賞

一九四九年一一月、訪米中の湯川にノーベル物理学賞受賞の報が届いた。日本人初の受賞者として、湯川の名は大きく報じられることになる。湯川は当時すでに広く知られていたが、受賞決定から授賞式に至るまでマスメディアは湯川の一挙手一投足を詳細に報じた。また、湯川のノーベル賞受賞は、戦後日本の言説空間における科学者の地位をいっそう高めたと同時に、科学者イメージの形成にも大きく寄与したと考えられる。

受賞のニュースは、湯川一人の栄誉ではなく国民すべての栄誉であり、敗戦国としての物質的精神的な苦難を打ち破ってくれるものとして受け入れられた。『読売新聞』の社説は、以下のように語っている。

原子力は今日、戦争と平和のカギをなす原子力兵器の核心として国際政治の最大の問題をなし、ほかならぬ日本人はこの強力な新兵器の実験台にまでのぼったのであるが、しかしそれが新兵器と関連していることによって、われわれ日本の今日の科学力によっては近づきがたい高度の問題と解されている。だがその礎石となる理論物理学の問題としては、日本の学者によって先ず手をつけられていたのである。しかも今日でこそ原子力はただちに原子兵器と関連して考えられているが、しかしそれは必ずしも兵器にのみ関連するものではなく、やがてそれが生産に応用されて人類の文明に新時代を開く日を期待することは全くの夢想ではないのである。世界文明の上にそのような大きな意味をもつ原子力理論の礎石が、日本の科学者によっておかれたことは特別の注意を払われてよい(37)。

ここでは、ナショナル・アイデンティティとして、核エネルギー研究を含む理論物理学の先端性が位置づけられようとしている。「日本の学者によって先ず手をつけられていた」、「原子力理論の礎石が、日本の科学者によっておかれた」という言説は、日本の理論物理学が高い水準にあり、それゆえに日本は原子力による新時代に適合できるのだと自らに言い聞かせているようですらある。

また、湯川のノーベル賞受賞以後、核エネルギーを含む原子核物理の解説書が相次いで出版されていった。どれも核物理の基本的な知識をわかりやすく図版入りで解説するものであった。

戦前から戦中にかけて、社団法人電気協会で振興部長を務めた経歴を持ち、戦後は文筆家に転じた宮里良保は、『原子の世界』（火星社、一九四九年一二月）を出版し、放射性アイソトープの「平和利用」について、「薬学博士たちは放射性原子がとくに血液、心臓、神経系統、ガンなどの治療の研究に役たち《ママ》、骨格や歯の研究にも有効だといっています。同様に肥料の放射性原子が、土壌を肥やし、収穫を増加させるためにも使われます」と書いていた[38]。

菊池駿一『湯川秀樹博士と原子力学　シリーズ新修学級文庫』（富士書店、一九五〇年一月）では、原爆被害について、それが戦争終結を早めたとしながらも、「生理的に永続的におよぶのですから、一そう深刻です。広島でも、長崎でも、一皆が灰燼枯死の状態で、草の根から少しの芽を出したのが、二カ月の後であったのです。（中略）どんなことがあっても、原子爆弾を人類に対して加えることは永久に禁止しなければなりません」として、「軍事利用」を否定していた[39]。

右記の科学解説書における核エネルギー言説は、「軍事利用」を否定し「平和利用」を称揚するような態度の共有化に寄与したと考えられる。偉大なエネルギーを善用していかねばならないし、また日本人にはそれが可能であるという言説は、すでに一九四九年には再生産され、社会に浸透しつつあったと言えるだろう。そこに、「戦争抑制者」として原子爆弾の軍事的価値を評価する認識や、核実験の有効利用という認識はもはや存在しない。

その背景には、核戦争の予感があった。一九四九年九月、ソ連の原爆保有が公表された。これによってアメリカによる核兵器の独占は崩れ、冷戦の緊張はますます高まろうとしていた。そもそも、ソ連の原爆保有前から、原子力国際管理交渉の停滞と、その原因である東西冷戦の緊張の高まりを受けて、仁科芳雄の発言にも平和に関するものが目立ち始めていた。仁科は「平和問題と科学者の態度」(『読売新聞』一九四八年六月二日)で、戦争防止のためには科学者が輿論を喚起させねばならないと説き、「原子力と平和」(『読売新聞』一九四八年八月一日)では、人間の心に平和への愛情を芽生えさせるべきだと述べている。そして、一九四九年一月の以下の文章には「科学者の責任」という言葉が登場するに至った。

現在までのところでは、原子力の応用は一般人に対して原子爆弾ほど目ざましいものは見られない。その結果として科学を呪う声も聞かれるのである。原子力の国際管理さえ実現できない今日の国際情勢に於いては、正に科学の進歩が早過ぎたという憾みのあることは否み得ない事実である。(中略)今日のような原子力の恐怖時代をもたらせたことに対して科学者はその責の一半を免れることはできない。その罪亡ぼしとして科学者は戦争を再び起こらないようにする努力せねばならぬ。これはわれわれの義務である。[40]

極めてわかりやすい構図を描くならば「原子力の恐怖時代」をもたらした科学者の一人としての自覚が仁科を平和運動に押し出した、ということになるのだろうか。また、「原子力の応用は一般人に対して原子爆弾ほど目ざましいものは見られない」とあるように、当時原子力発電はいまだ研究段階であり、原子力の現実的な応用はアイソトープに限られていた。アイソトープはトレーサーとして医学や農学の分野での応用が期待されていたが、それとて仁科がいうように「一般人に対して原子爆弾ほど目ざましいもの」ではなかったのである。

そしてソ連の原爆保有が公表されると、仁科はすぐさま京都大学の荒勝文策とともに原子力の国際管理を急ぐ旨の声明案を学術会議に提出した。一九四九年一〇月の日本学術会議第四回総会において、声明案は「原子力に対する有効なる国際管理の確立要請」として採択された。

ソ連の原爆保有によりアメリカの核兵器の独占が終わったことは、原子爆弾を戦争抑制者だとする仁科に認識の変更を迫った。一九四九年一一月の『中央公論』に掲載された座談会「原子力爆弾と世界平和」で、仁科は次のように発言している。

片方にできると、従来の軍艦でも兵隊でも軍備の拡張をやったと同じように、原子爆弾そのものの拡張をやって行くということにならざるをえないのではないか。（中略）歴史の示すところによれば、両方軍備の拡張をやると必ず戦争をやっている。(41)

もはや仁科は単純に原爆を戦争抑制者だとする見方をとっていない。むしろ戦争を生む原因として、原爆の競争を位置づけるに至ったのである。それまで科学者たちは核エネルギーの「軍事利用」を留保つきで肯定していたわけだが、ソ連の原爆保有はそのような認識を許さなかった。これ以降、「軍事利用」はもっぱら否定的に語られるようになり、「平和利用」のみが肯定的に語られていくのである。

朝鮮戦争と核戦争の予感

一九四九年九月にソ連が原爆保有を公表し、一〇月には中華人民共和国が建国された。東西の緊張が高まり、アメリカの対日占領政策も変化しつつあった。そして、一九五〇年に入ると、目前に迫ったサンフランシスコ講和条約の締結に向けて、全面講和か片面講和かをめぐって輿論が盛り上がっていった。全面講和を求める知識人たちは平和問題談話会を結成し、彼らによる「講和問題に関する声明」(『世界』一九五〇年三月号)は大きな注目を集めた。また、東大総長の南原繁は、東大卒業式の演説で全面講和を訴え、全面講和を達成できなかった場合は戦争の勃発もありえるとして、「原子爆弾や水素爆弾の近代科学の粋を集めた世界の次の総力戦は、おそらく有史以来の大戦、全人類の運命を賭けてのものと想像せられる。この人類滅亡の淵の前に、平和の石垣を築き、その破れ口に立って、全人類を滅亡より防ぐものは誰か。それこそ一切の武器を棄て、戦争を否定し、平和を悲願とした、わが新日本国民自身ではないのか」と語りかけた。(42) この演説は『世界』一九五〇年五月号に掲載され、東京大学の卒業生以外の人びとにも広く読まれた。この言説が示すように、全面講和が成し遂げられなかった場合に到来するかもしれない破局として、核戦争は語られていたのである。

一九五〇年六月には朝鮮戦争が勃発。国内では警察予備隊の創設が指令され、一一月には朝鮮戦争で原爆使用もありえるというトルーマン大統領の発言が大きく報じられた。

それと並行して、平和運動も高まりをみせていた。一九四九年四月にパリとプラハで開催された平和擁護世界大会は、原爆の制限と国際管理を求めており、これに呼応するかたちで一九四九年一〇月二日、広島で平和擁護広島大会が開催された。(43) そして一九五〇年三月、平和擁護世界大会委員会はスウェーデンのストックホルムで原子兵器禁止の署名運動を世界に呼びかけた(ストックホルム・アピール)。日本でも、平和団体や労働組合が主体となってストックホルム・アピールに応じる署名運動が起こり、六四五万の署名が集まった。(44)

なかでも注目すべき平和運動としては、京都大学全学自治会の前身である同学会による原爆展の開催が挙げられる。京大同学会は、一九五一年五月一四日から二〇日までの間、「わだつみの声にこたえる全学文化祭」を開催していた。その文化祭の企画の一つとして、京大西部構内の教室では原爆展が開かれた。そこでは、原爆被害調査に加わった理学部助教授の木村毅一、医学部の天野安高、自らも被爆体験を持つ作家の大田洋子の三名を講師に、「原爆に関する講演会」が開かれた(45)。また、この原爆展では、原爆被害調査時に収集した標本のスライドが展示されていた。

さらに、京大同学会は、一九五一年七月に丸物百貨店で「綜合原爆展」を開催した(46)。そこでは丸木夫妻の「原爆の図」に並んで、京都大学の各学部が制作したパネルが展示された。文学部のパネルには、峠三吉の「影」、四国五郎の「心に喰いこめ」といった詩が書かれていた。その他、理学部は原爆投下後の被害状況の図解を展示し、医学部は原爆が人体に及ぼす影響を、農学部は原爆が植物に及ぼす影響を解説したパネルを用意した(47)。

平和団体が原爆に注目し始めていた占領後期のこの時期、積極的な言論活動をしていたのが、武谷三男であった。核戦争の危機を言う武谷は、当時翻訳出版されたブラッケット(Patrick Blackett)の著書『恐怖・戦争・爆弾　原子力の軍事的・政治的意義』(法政大学出版局、一九五一年)をしばしば論拠として引いた(48)。ブラッケットはイギリスの物理学者で、湯川秀樹の前年度一九四八年にノーベル賞を受賞していた人物である。

ブラッケットの『恐怖・戦争・爆弾』は、具体的な戦争戦略のなかで原子爆弾が果たし得る役割について分析していた。もし戦争が起これば、原子爆弾が使われる可能性は高いが、それは都市爆撃にではなく、前線の基地や軍事施設に対する攻撃に使用されると述べたのである。ブラッケットはよく知られた社会主義者であったが、武谷を惹きつけたのはそれだけが理由ではない。むしろ武谷が重視したのは、ブラッケットによる以下のような分析であった。

自国が原爆基地として利用されることを防ぐだけの決意と実力とを、中間に挟まれた国が十分に持っていない限りは、その程度に応じて、ロシアから攻撃を受ける公算も大きくなる。（中略）もしロシアが原子爆弾を、この時持っていたとしたら、これらの原子爆弾は、たとえそれが可能だとしても、アメリカ都市攻撃には使用されず、真先に空軍基地や他の軍事目標に対する攻撃に使用されることは確実とみてよい。[49]

ブラッケットの分析に触れた武谷が連想したのは、占領下の「中間に挟まれた国」、日本に他ならなかった。ブラッケットを論拠にした武谷三男の発言や、前述した京大同学会のような平和団体による活動は、左翼団体のみに閉じたものではなく、政治的信条が異なる人びとをも巻き込みつつ、核エネルギーの「軍事利用」への危機感と拒否感の共有化に、少なくない役割を果たしたと考えられる。

例えば、占領終結後の『朝日新聞』の社説「「力による平和」への反省」では、広島・長崎の原爆被害に触れ、「こんなにむごたらしい、非人道的な兵器が、いわゆる「力を通しての平和」というかけごえで、すこしもあやしまれずに、大量につくられ、たくわえられつつあるのが、世界のありのままの現状である」と述べられるに至った。[50]

同様の言説は経済誌にも波及していった。『東洋経済新報』一九四九年一〇月八日号の論説において、「たとい原子爆弾が欧州または米大陸のどこに落ちようとも、最も惨害をこうむるのは東京であり、アジアであるといいたい。世界は今や一つだ。原子力管理の問題は、利害の対立する米ソ両国だけに委せてはおけない全人類の関心事である」と述べられていた[51]。

本章では、主に科学者による核エネルギー言説を分析してきた。プレス・コードによって原爆被害の実態を公表することができない言説空間においては、「被爆の記憶」は後景にとどまったまま、科学者たちとそれを報じたメディアが「原子力の夢」を流通させた。そのなかで原爆の破壊力や核実験は肯定的に捉えられることさえあった。そして、占領後期に国際関係が緊張の度合いを増すと、「軍事利用」への危機感が増大し、もっぱら「平和利用」のみが期待されるようになる。

では、占領終結による原爆報道の解禁と、核エネルギー研究開発の解禁以降、「被爆の記憶」と「原子力の夢」はどのような関係を結んでいったのだろうか。次章では、原爆被害の実態が広まっていくなかで「被爆の記憶」がいかに言説的に編成されていったのかを考察する。さらに、核エネルギー研究開発をめぐる科学者たちの議論において、被爆体験がいかに想起され、科学者たちの議論にどのような影響を与えたのかを考察する。

註

（1）核エネルギー研究開発の観点から占領下の科学者に注目した研究は、山崎正勝『日本の核開発：1939～

1955　原爆から原子力へ』（績文堂、二〇一一年）が、その第二部第二章で行っている。そこでは仁科芳雄が中心に据えられ、仁科の原子爆弾に関する発言が検証されている。仁科の原子爆弾に関する言説に注目している点は本章と近似しているが、山崎が仁科芳雄の思想にせまろうとするのに対し、本章では特定個人の科学者の思想に深入りせず、特定の言説が再生産されていく過程に着目したい。

また、御代川喜久夫「占領下における「原子力の平和利用」をめぐる言説」（山本武利編『占領期文化をひらく雑誌の諸相』早稲田大学出版部、二〇〇六年）は、プランゲ文庫の雑誌データベースを用い、占領下における原子力に関係する記事の経年変化と雑誌ジャンルごとの特徴を明らかにした。計量的分析においては、言説の署名者のポジションに関する分析が不十分にならざるを得ない。本章では、御代川による研究を参照しながら、言説空間内で象徴的権力を持った諸個人の特性も考察対象に加えたい。

（2）　リオタールはその短い評論の中で知識人について次のように述べた。知識人とは「人間、人類、国民、人民、生きとし生けるもの＝被造物、ないしはこれに類する何らかの実体的存在の立場に自己を同一化〔一体化〕したうえで、その視点から、ある状況ないし状態を記述し、分析して、その主体が自己を実現するために、少なくともその自己実現の前進のために、何がなされなければならないか、を指示するような精神の持ち主である」（ジャン＝フランソワ・リオタール『知識人の終焉』原田佳彦、清水正訳、法政大学出版局、一九八八年、四頁）。また、サイードは知識人を、「公衆に向けて、あるいは公衆になりかわって、メッセージなり、思想なり、姿勢なり、哲学なり、意見なりを、表象＝代弁（リプレゼント）し肉付けし明晰に言語化できる能力にめぐまれた個人」と定義していた（エドワード・W・サイード『知識人とは何か』大橋洋一訳、平凡社、一九九八年、三七頁）。

（3）　ピエール・ブルデュー『構造と実践』石崎晴己訳、藤原書店、一九九一年、二三四―二三五頁。

（4）　日本科学史学会編『日本科学技術史大系第十巻』第一法規出版、一九六六年、二九七頁。

（5）　湯川秀樹「静かに思う」『週間朝日』一九四五年一〇月二八日・一一月四日合併号、九頁。この評論は、加筆・修正を施されて『湯川秀樹著作集5』（岩波書店、一九八九年）に収録されている。なお、科学戦による敗戦という言説の、戦後最も早い例のうちの一つに、前田多門の「われらは敵の科学に敗れた。この事実は広島市に投下された一個の原子爆弾によって証明される」（『朝日新聞』一九四五年八月二〇日）がある。

（6）　田中正『湯川秀樹とアインシュタイン』岩波書店、二〇〇八年、二二七―二二八頁。

（7）　一九四六年六月一日、二日の両日に開催された民科の第二回大会において、会員が一致して責任者として認め、常任幹事会が承認した人物を、戦争責任者として学界からの追放を要求することが決まった。同大会については『民主主義科学』第四号に議事録が掲載されている。

（8）　リスト作成に関わった柘植秀臣の回想によると、「自然科学、技術関係は内容が複雑という理由でリストの作製にいたらなかった」とのことである（柘植秀臣『民科と私　戦後一科学者の歩み』勁草書房、一九八〇年、七二頁）。柘植がその経緯を明らかにしていない以上、確定的なことはいえないが、このエピソードは戦後の科学称揚ムードのなかでも、自然科学がひときわ特権的地位を占めていたことの例証になり得ると思われる。

（9）　「仁科芳雄関連年譜」中根良平、仁科雄一郎、仁科浩二郎、矢崎裕二、江沢洋編『仁科芳雄往復書簡集3　現代物理学の開拓』みすず書房、二〇〇七年。また、玉木英彦、江沢洋編『仁科芳雄　日本の原子力科学の曙』みすず書房、一九九一年、一一九頁。

（10）　原爆とプレスコードに関する選考研究で、単行本として出版されているものには、モニカ・ブラウ『検閲　1945―1949　禁じられた原爆報道』（立花誠逸訳、時事通信社、一九八八年）や、堀場清子『禁じられた原爆体験』（岩波書店、一九九五年）、同じく堀場清子『原爆　表現と検閲』（朝日新聞社、一九九五年）などがある。論文では、袖井林二郎「原爆はいかに報道されたか」（原爆体験を伝える会編『原爆から原発まで　各セミナーの記録』アグネ、一九七五年）が、一九四五年八月七日から九月二一日までの『朝日新聞』『毎日新聞』『読売新聞』を分析し、原発投下から九月二一日までは、原爆に関する報道は比較的自由に行われた、と結論付けている。また、プランゲ文庫をもとにした占領期雑誌目次データベースを利用した計量的分析としては、中川正美「原爆報道と検閲」『インテリジェンス』第三号（二〇〇三年）がある。中川は「データで見る限り、「原爆の検閲は思ったほど厳しくはなかった」と解釈せざるをえない」としている。

(11) 吉岡斉「原子力研究と科学界」中山茂、後藤邦夫、吉岡斉責任編集『通史日本の科学技術2　自立期1952―1959』学陽書房、一九九五年、七八―七九頁。

(12) 笹本征男『米軍占領化の原爆調査　原爆加害国になった日本』新幹社、一九九五年、一八―一九頁。

(13) 前掲『仁科芳雄往復書簡集3』によると、一九四五年八月七日、仁科芳雄は助手の玉木英彦に以下のようなメモを書き残している。

玉木君

今度のトルーマン声明が事実とすれば吾々「二」号研究の関係者は文字通り腹を切る時が来たと思ふ。その時期については広島から帰って話をするから、それ迄東京で待機して居って呉れ給へ。そしてトルーマン声明は従来の大統領声明の数字が事実であった様に真実であるらしく思はれる。それは広島へ明日着いて見れば真に一目瞭然であらう。そして参謀本部へ到着した今迄の報告はトルーマン声明を裏書きする様でもある。

仁科に「吾々「二」号研究の関係者は文字通り腹を切る時が来たと思ふ」と書かせたのは、原爆開発が間に合わなかったことへの責任感なのか、それとも純粋な研究を続けるために原爆開発を建前にしたことへの責任感なのかはわからないが、仁科が相当な決意をもとに広島に向かったことは推測できよう。
(14) 笹本、前掲書、一八―一九頁。本文中に挙げた様々な広島調査は、八月一五日以後も継続・追加された。八月二二日には、当時東京帝国大学医学部教授であった都築正男が陸軍軍医学校校長井深健次のもとを訪問し、東京大学調査団の結成を申し入れている。これにより、陸軍軍医学校は都築正男のほか、理研の仁科研究室に在籍していた杉本朝雄、山崎文男にも調査を依頼した。このようにして、当時全国の科学者たちが被爆地調査に動員されていたのである。被爆地の惨状を見聞きしていた科学者は占領下において決して少ないわけではなかったということは強調しておきたい。
(15) 仁科芳雄「原子力の管理」『改造』一九四六年四月号、二七―二八頁。
(16) 黒崎輝『核兵器と日米関係　アメリカの核不拡散外交と日本の選択1960―1976』有志舎、二〇〇六年、五頁。
(17) 仁科芳雄「日本再建と科学」『自然』一九四六年五月号、一七頁。
(18) 星野芳郎・武谷三男「解説」『武谷三男著作集1』勁草書房、一九六八年、三六三―三八九頁。
(19) 武谷三男「原子力時代」『日本評論』一九四七年一〇・一一月号、三〇頁。
(20) 同右、二二頁。同様の論旨は、武谷三男「革命期における思惟の基準　自然科学者の立場から」(民主主義科学者協会編『自然科学』一九四六年六月号)においても確認することが出来る。
(21) 武谷三男「原子力時代」、二三頁。
(22) 「市民諸君に寄す　世界の誇り廣島　讃えん平和のメッカ」『中国新聞』一九四七年八・九月六日、一九頁。
(23) 仁科芳雄「原子力問題」『世界』一九四七年一月号、五二頁。
(24) 紀平英作『歴史としての核時代』山川出版社、一九九八年、三六頁。

(25) 仁科芳雄、横田喜三郎、岡邦夫、今野武雄「原子力時代と日本の進路」『言論』一九四六年八・九月号、一九頁。
(26) 原爆投下から一九四八年までの間に、核エネルギーに明るい未来を託すような言説が全く存在しないというわけではない。占領下の原子力関連記事をプランゲ文庫のデータベースを基に調査した加藤哲郎は、早くも一九四五年のうちに『科学世界』が「機関車に原子力を」という記事を掲載していると指摘した（「ことばの周辺」『毎日新聞』二〇一一年一一月二日）。
(27) 「原子力の平和利用　トルーマン大統領の申出」『朝日新聞』一九四七年九月六日。
(28) 湯川秀樹「運命の連帯」『科学と人間性』国立書院、一九四八年。引用は『湯川秀樹著作集4』岩波書店、一九八九年、三二頁。
(29) 湯川秀樹「知と愛とについて」『科学と人間性』国立書院、一九四八年。引用は『湯川秀樹著作集4』岩波書店、一九八九年、三五頁。
(30) 嵯峨根遼吉『原子爆弾の話』大日本雄弁会講談社、一九四九年、一五二―一五三頁。
(31) 岡崎勝男、嵯峨根遼吉、鈴木文史朗、田村幸策、渡辺慧「座談会　ソ連の原子爆弾と国際政局の展望」『東洋経済新報』一九四九年一〇月一五日号、一八頁。
(32) 渡辺慧「原子時代の道徳」思想の科学研究会編『現代文明の批判』アカデメイア・プレス、一九四九年、六七頁。
(33) 武谷三男「社会とマルキシズム「社会」編集者の質問に答えて」『社会』一九四八年八月号。引用は『武谷三男著作集4』勁草書房、一九六九年、三〇一頁。
(34) 高橋武文「東西気流　原子力時代　破壊から建設へ」『自由評論』一九四八年二月号、一二―一五頁。

(35) 崎川範行「原子力の平和的利用は可能か」『一つの世界』一九四八年一〇月号、一六頁。
(36) 仁科芳雄「原子力と平和」『読売新聞』一九四八年八月一日。
(37) 「社説　湯川博士受賞を意義あらしめよ」『読売新聞』一九四九年一一月五日。
(38) 宮里良保『原子の世界』火星社、一九四九年一二月、一七八頁。
(39) 菊池駿一『湯川秀樹博士と原子力学　シリーズ新修学級文庫』富士書店、一九五〇年一月、一四二―一四三頁。
(40) 仁科芳雄「原子力について」初出誌不明、一九四九年一月。引用は、仁科芳雄『原子力と私』學風書院、一九五〇年、一一頁。
(41) 「原子爆弾と世界平和」『中央公論』一九四九年一一月号、四八頁。
(42) 南原繁「世界の破局的危機と日本の使命」『世界』一九五〇年五月号、九頁。
(43) 宇吹暁「被爆体験と平和運動」中村政則、天川晃、尹健次、五十嵐武士編『戦後民主主義』岩波書店、二〇〇五年、一一八―一一九頁。
(44) 広島県編『原爆三十年』広島県、一九七六年、一九六―一九七頁。
(45) 小畑哲雄『占領下の原爆展「平和」を追い求めた青春』かもがわ出版、一九九五年、一四―一五頁。
(46) 同右、二頁。
(47) 同右、三四―三五頁。
(48) 武谷三男によるブラッケットの紹介は、「原子科学者の希い　人類の発展のためにか滅亡のためにか」(『日本読書新聞』一九五一年一月一日号)や、「米の考え方を批判　原子爆弾の戦略的意義を論ず」『日本読書新聞』一九五一年六月六日号など。なお、一九五一年は、H・D・スマイス『原子爆弾の完成スマイス報告』(仁科芳雄監修、岩波書店、一九五一年)やロスアラモス科学研究所編『原子兵器の効果』(篠原健一ほか訳、主婦之友社、一九五一年)

など、原子爆弾の製造過程や被害についての翻訳発行が進んでいた。
(49) P・M・S・ブラッケット『恐怖・戦争・爆弾　原子力の軍事的・政治的意義』田中慎次郎訳、法政大学出版局、一九五一年、一二〇―一二一頁。
(50)「社説「力による平和」への反省」『朝日新聞』一九五二年八月六日。
(51) 延島英一「原子力外交の経済学」『東洋経済新報』一九四九年一〇月八日号、二一頁。

第二章　「被爆の記憶」の編成と「平和利用」の出発

すでに占領後期において、核エネルギー「軍事利用」への危機感は共有され、「平和利用」への期待感は高まっていた。しかし、占領下ということもあり、危機感や期待感を編成しようとする言説が被爆体験を扱うことはほとんどなかった。そのような状況は、占領終結後の原爆報道の解禁によって一変する。被爆体験に関する言説が急増するとともに、核エネルギー言説を掲載するメディアの幅が広がっていったのである。『アサヒグラフ』のようなグラフ雑誌のみならず、『婦人公論』『婦人画報』などの女性誌や、『エコノミスト』『東洋経済新報』といった経済誌にまで、核エネルギー言説が拡散していく。

第二章ではまず、原爆報道の解禁によって、幾分センセーショナルであったとはいえ被爆の悲惨が喧伝された結果、核兵器への拒否感を伴う「被爆の記憶」が編成されつつあった状況を跡付ける。そしてその一方、被爆関連の言説が社会に溢れることに反発する言説も登場したことをふまえ、これらを突き合わせることで、「被爆の記憶」をめぐる輿論の共時的位相差を解明していく。

次に、科学者たちによる核エネルギー研究開発体制をめぐる議論を分析する。占領終結によって、被爆報道だけでなく、核エネルギー研究開発も解禁された。これにより、科学者たちの間で議論が始まった。この議論を三村剛昂《よしたか》という物理学者に注目して振り返り、研究開発の「推進派」と「慎重派」の科学者たちが共通して抱えていた問題と、その中でひときわ異質であった三村の心情を分析することで、占領終結直後の多様な核エネルギー認識を浮き彫りにする。

原子力予算成立後の核エネルギー研究開発体制の成立過程に関してはこれまで研究が蓄積されてきた(1)。研究開発体制成立の史的過程について、本章では特に付け加えるべき新発見はないが、次章で考察する原子力「平和利用」キャンペーンの背景として見逃すことはできない過程であるため、主に先行研究に依拠しながら、簡潔にまとめておきたい。

原爆報道の解禁と「被爆の記憶」の編成

一九五一年九月八日に調印されたサンフランシスコ講和条約は、翌一九五二年四月二八日に発効した。これにより「本土」の占領は正式に終了したが、沖縄と小笠原諸島はひきつづきアメリカの占領下に置かれた。

講和条約とそれに伴う日米安全保障条約によって、アメリカとの関係を考慮にいれずして主権回復後の日本の方向性を定めることは困難になった。このことは、一九五〇年代以降の核エネルギーをめぐる輿論を規定し続けることになる。また、本章により関係の深い事項を挙げるならば、日本の主権回復は原爆報道の解禁と核エネルギー研究の解禁をもたらした。ここではまず原爆報道の解禁が「被爆の記憶」の編成にどのように関与したのかという点について考察していく。しかし、その前に、占領後期の日本における原爆と表現について確認しておこう。

検閲業務を担当した民間検閲支隊の活動は、一九四九年に入るとそれほど厳密ではなくなり、民間検閲支隊の業務は一〇月三一日に終了していた。[2] しかし、プレスコードは存続しており、一九四九年から一九五〇年にかけてはむしろ占領軍の圧力が強化され、日本のメディアの報道自粛もいっそう徹底したものになっていた。一九四九年には下山事件や松川事件があり、一九五〇年にはレットパージ、ストックホルム・アピール署名運動に対する占領軍からの圧力など、共産主義者への弾圧は明らかに強化されていた。[3] また、丸木位里・俊子夫妻の絵画が収録された、平和を守る会編『ピカドン』（ポツダム書店、一九五〇年）のように、発禁処分を受けた事例さえある。[4] ただし、原爆被害に関する言説が存在しなかったというわけではない。むしろ、一九四八年の終わりごろから、原爆関連の書籍は急速に増えていたのである。

一九四八年一一月には、小倉豊文『絶後の記録』（中央社）が刊行された。一九四九年になると、一月に永井隆『長崎の鐘』（日比谷出版社）が出版され、ベストセラーになった。その後、二月には原民喜『夏の花』（能楽書林）、三月には今村得之、大森実『ヒロシマの緑の芽』（世界文学社）、四月には日本基督教青年会同盟『天よりの大いなる声』（東京トリビューン社）、五月にはジョン・ハーシー（John Hersey）の『ヒロシマ』（法政大学出版局）、と立て続けに原爆関連の書籍が出版された。その他、衣川舜子『ひろしま』（丁字屋書店）、吉川清『平和のともしび』（京都印書館）なども存在する。週刊誌に目を移せば、『週刊朝日』一九四九年八月一四日号には同誌が募集した「記録文学」の入選作として長崎の安部和枝による体験記「小さき十字架を抱いて」が掲載されていた。

では、検閲と出版社による自主規制があるにも関わらず、これらの書籍群が出版されたのはどのような理由によるものなのだろうか。

永井隆の著作に関しては、カトリック信者であった永井が、長崎原爆による死者は尊い犠牲であるとし、原爆を「神の摂理」として受け入れていたこともあって、永井の著作を刊行することが占領軍にとっても好都合だったためだと考えられている(5)。

被爆当時広島文理大学の助教授だった日本史家の小倉豊文による『絶後の記録』に関しても同様のことが指摘できる。一九四八年一一月に中央社から発行された『絶後の記録』は、以下のように書き起こされていた。

「われわれが原子エネルギーを解放することができるという事実は、自然力に関する人間の理解に新しい時代を導入するものである」――これはトルーマン米国大統領が、一九四五年八月六日、広島に原子爆弾が投下されて十六時間後、世界に向かって宣言した放送の一節である。と同時に、「原子力時代」というながい人類の想像の世界が、今や現実になりつつあるのである。そして八月六日の広島の現実にこそ、この宣言にもあるように、「日本国民を完全破壊からまぬがれしめるため」に、七月二十六日ポツダムの最後通牒を、日本の戦争指導者が「黙殺」した結果だったのである。人類は、特に日本国民は、この事実を忘れてはならない。(6)

永井隆と小倉豊文の著作は、結果としてアメリカの公式見解と合致する認識を披露していたため、占領下においても出版を許された。他の書籍群に関しても、ことは同じであった。占領軍に批判的でなく、また左翼運動とも関わりがないために、出版することが出来たのである。一九四九年に入っても、占領軍批判と左翼運動は依然として抑圧されていたが、先に挙げた被爆関連書籍群の存在を考慮すれば、被爆体験を書くこと自体が禁忌であったとまでは断定できない。原爆報道の解禁として必ずと言ってよいほど引き合いに出される『アサヒグラフ』一九五二年八月六日号は、原爆被害の写真がセンセーショナルに受容されたという意味では確かにインパクトを有していたが、被爆体験について書き、それを発行する事例自体は、『アサヒグラフ』以前にすでに存在していた。このように、占領下と占領終結後の原爆被害報道を分かつ要素の一つには、原爆投下直後の被爆地の視覚的イメージの有無があったと考えられる。

講和条約締結後の被爆関連書籍の発行状況に議論を戻すと、一九五二年四月には、丸木位里と丸木俊子の夫妻による絵画『原爆の図』が青木書店から出版された。また、被爆写真を掲載した書籍は、『アサヒグラフ』一九五二年八月六日号以外にも、『岩波写真文庫　広島　戦争と都市』（岩波書店、一九五二年八月）や梅野彪・田島賢裕編『原爆第一号　広島の写真記録』（朝日出版社、一九五二年八月）、北島宗人編『記録写真　原爆の長崎』（第一出版社、一九五二年八月）などが相次いで出版され、広く巷間に流布したのである。

図 3　『アサヒグラフ』1952年 8 月 6 日号表紙

なかでも、『アサヒグラフ』は特集「原爆被害の初公開」のなかで、被爆直後の広島と被爆者の写真を大々的に掲載した。この号は、初版五〇万部が売切れ、増刷も繰り返された。社会はこれに注目し、『アサヒグラフ』は一種の社会現象となった。この号の『アサヒグラフ』を世界各国に贈る運動が組織され、『アサヒグラフ』の送付を契機に、アメリカの教授と日本の主婦との間に文通が始まったことが報じられることもあった[(7)]。

これによって、被爆の悲惨を伝える視覚的イメージは浸透し、それが原爆への拒否感を形成していった。『朝日新聞』一九五二年八月六日の社説は以下のように述べている。

「力を通しての平和」という考え方が生れ出たについては、それを生み出さざるを得なかった複雑な国際情勢もあったであろう。しかしながら、「力を通しての平和」という、ただそれだけの考え方で、はたしてほんとうの平和が得られるだろうか。もしこの力が、軍事力だけをさすものだとすれば、その行きつくさきは、むごたらしい大量破壊、大量殺人兵器である原子兵器、細菌兵器、化学兵器などの製造競争になり、それらをたくわえる競争になることは余りにも明らかである。（中略）

アサヒグラフ最近号の原爆被害写真をみられた読者は、おそらく心になにものかを深くきざみこまれたにちがいない。日本人も、外国人も、軍事力のみを中心とした「力を通しての平和」が、現実になにをもたらし、たどりつくさきで、なにをもたらすかを、ほんとうに、あくまでほんとうに、考えなおしてもらいたい。(8)

ここでは『アサヒグラフ』についての言及があり、前章でみたような原子爆弾による平和を留保付きで受け入れるという態度が反省されている。一九五二年の夏から秋にかけての時期には、あらゆる軍事的利用に反対する「被爆の記憶」が、ナショナル・レベルで視覚的言説的に編成されつつあったと言えるだろう。

加えて、一九五二年八月五日には、「安らかに眠って下さい。あやまちは繰返しませんから」という碑文で知られる広島平和記念公園の慰霊碑が完成した。さらに、当時「原爆乙女」と呼ばれた、被爆した若い女性たちへの救援活動が組織されるようになっており、「原爆乙女」が原爆の悲惨を伝える記号として社会に流通していた。(9)

文化状況に目を移せば、一九五二年八月六日には、新藤兼人監督による映画『原爆の子』が公開された。当時広島文理科大学学長で、被爆経験をもつ教育学者の長田新が編集した被爆体験集『原爆の子』（岩波書店、一九五一年）をもとに、新藤が脚本を書いたこの映画は、国内外で大きな反響を得ていた。

女性誌と経済誌への波及

被爆関連の言説が増え、それが「軍事利用」の否定へと方向づけられていくなかで、「平和利用」への期待が広まりつつあった。「軍事利用」の悲惨が強調されればされるほど、それを一八〇度転換したものとして、「平和利用」が脚光を浴びたのである。

長田新は『原爆の子』の序文で次のように述べていた。

吾々は年と共に発展してゆく自然力の利用を、平和的な条件において用いるようになることを祈ってやまない。原子エネルギーは、一方では人類を破滅に導くほどの恐るべき破壊力を有《ママ》ってはいるが、一度それを平和産業に応用すれば、運河を穿ち、山を崩し、忽ちにして荒野を沃土に代え、更に原動力とすれば驚くべき力を発揮し得るということを吾々は聞いている。(10)

「吾々は聞いている」とあるように、長田もまた「平和利用」に関する知識を伝聞やメディアを通した情報から得ていた。その情報源は前章で確認したような物理学者であることが多かったのではなかろうか。

このように被爆体験の想起を「原子力の夢」につなげる論理構造は、占領終結後のメディア言説のなかで強固になっていった。特に注目すべきは、女性誌と経済誌である。『婦人画報』一九五二年八月号は、特集「原爆と私たちの道」を掲載した。そこには、原爆に関する座談会「原爆は一人では防げない」や、「七度原爆記念日を迎えて」という知識人たちのアンケート、「原爆を防ぐ衣服」といった記事に並んで、武谷三男による「原子力を平和につかえば」という論考が掲載されていた。

原子力が利用されるようになると北極や南極のような寒い地方、絶海の孤島、砂漠などが開発され、そういう地方にも大規模な産業が行われ、大都市をつくることができるようになる。また、ロケットで地球外に飛び出すこともできるようになろう。全く太陽に相当したものを人間が手に入れたのだから当然だろう。特にソ連やアジア大陸のように、大規模な自然をもつ土地では、土地改進に原子力は大きな役割を果たすことが期待される。すでにソ連では原子爆発で山を吹きとばして、河の流れをかえたということもいわれている。

日本なども電力危機は完全に解消されるだろう。そして電力をもつと自由に家庭に使用することができる。今日の日本の一般家庭で電燈とラジオ位しかつかわれていないが、台所の電化はもちろん、暖房、冷房、洗濯、掃除、もすべて電力で行われることになるだろう。(11)

このように語られた「原子力の夢」の内実は、占領下におけるそれとほとんど変わるところはないが、電力危機の解消という観点がつけ加えられている。また、美容改善にも役立つという言説は、女性誌ならではのものである。

占領終結後の社会において、「原子力の夢」はもはや珍しいトピックではなくなっていた。女性誌以外の媒体では、経済誌における核エネルギー言説が目立つようになる。

参議院予算専門員だった正木千多は、「原子力の経済　原子力発電が実現したら」を『エコ

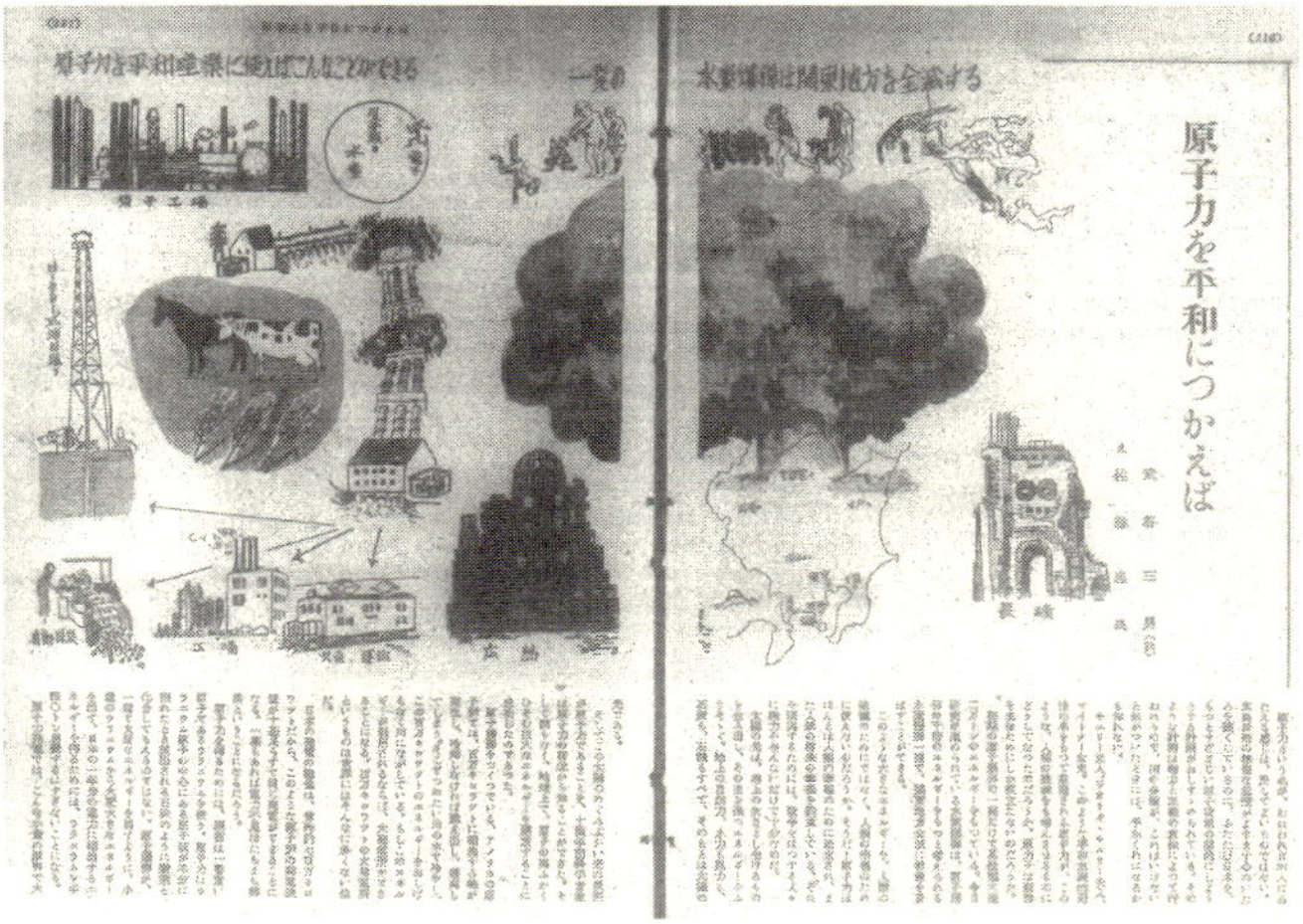

図4　武谷三男「原子力を平和につかえば」①（『婦人画報』1952年8月号）

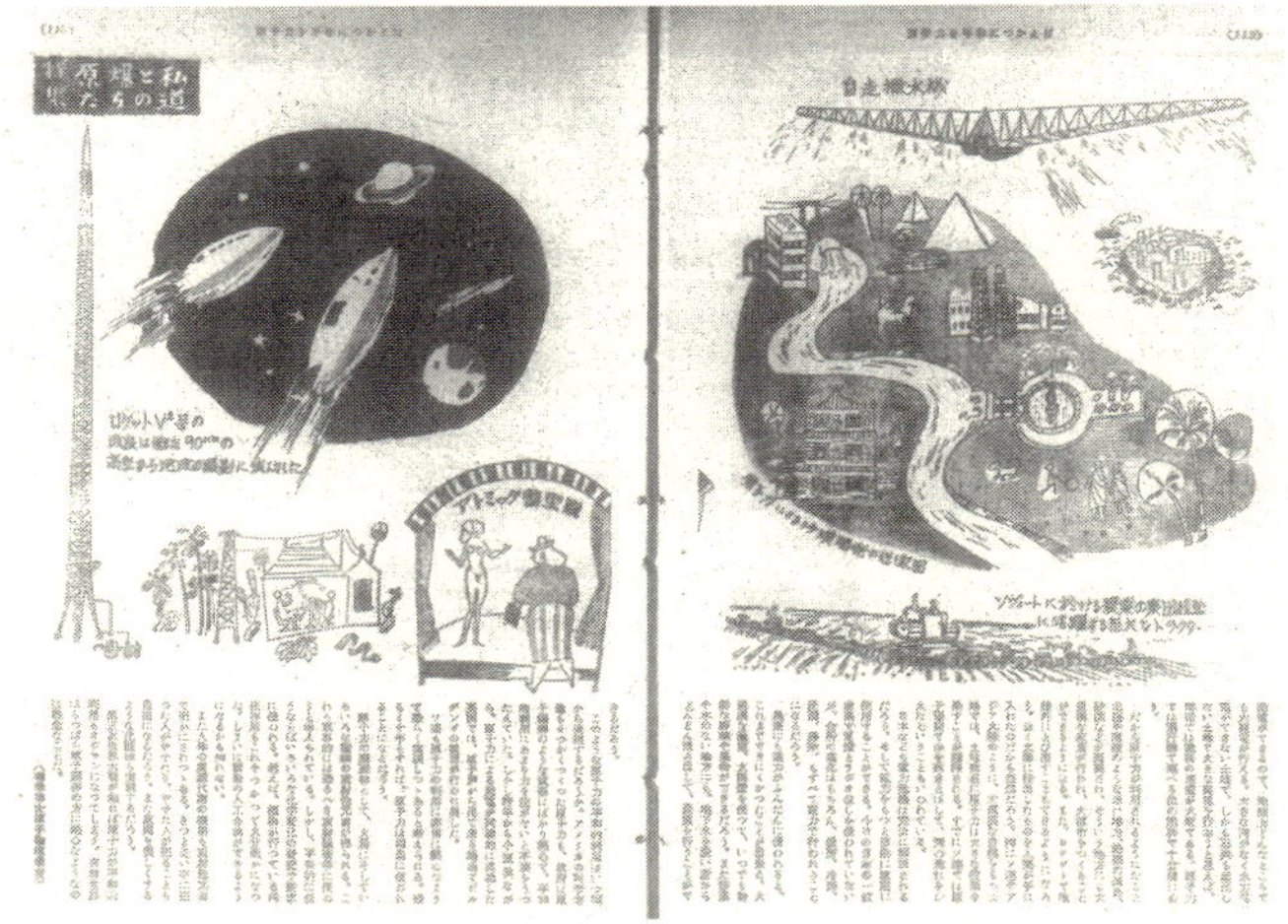

図5　武谷三男「原子力を平和につかえば」②（『婦人画報』1952年8月号）

ノミスト』一九五三年一月三日号に寄せている。そこでは、核エネルギーが未開発国の工業化に寄与するとして次のように語られていた。

原子力による産業革命というものが起こるとすれば、それは原子力が未開発国の工業化に通用された場合であろう。それについて日本、英本国、イタリアのような工業力に対比してエネルギー基盤の弱小な国々も、原子力の利用によってより高度の工業段階に到達しうるであろう。前者の未開発国の工業化については、おそらく原子力の開発を前提にしなければ不可能に近いともいうことができよう。(12)

ただし、経済誌が核エネルギー「平和利用」一色に染まっていたというわけではない。経済誌の『ダイヤモンド』には、核エネルギーよりも、水力や潮力、地熱発電に期待する言説が掲載されていた。

日本のように石炭が高価な国では、ウラニウムかトリウムが産出して、原子力を利用できれば有難いのだが、あいにく、それらの資源はない。今の所では、之等を輸入する以外に、原子力利用の道はない訳である。

だが幸い、日本にはまだ開発し得る水力がある。その次には、海の潮力や、温泉の地熱利用も考えられる。動力や熱を得る為に、強いてウラニウムを輸入せず、天与の恩恵に浴するよう努力せねばならない[13]。

この記事が言うように、一九五〇年代前半の日本における主要な電源は水力であり、当時は全国各地に大規模なダム式の水力発電所が建設されていた。その後、一九五〇年代後半にかけては火力発電にシフトしていく。このような状況を思えば、原子力発電に過度な期待を抱かない先の言説は、むしろ当時としては極めて現実的な視点だったと評することもできよう。

核エネルギー「平和利用」への態度には温度差があるものの、経済誌が核エネルギーの「平和利用」への言及を増やしていった背景に、人目を引くような景気の良い話題を紙面に掲載したいという編集者の思惑があったことは否定できない。ある著者は、次のように編集者からの要望があったことを明かしている。

編集者から私に与えられた註文は将来の原子力の平和的利用が人類に与えるであろうさまざまな恩恵について、楽しくも遠大な夢を語ってくれ、ということであった[14]。

被爆写真集への違和感と広島認識の変転

占領終結後に広まった被爆写真集に対して、被爆者から提出されたのは、写真だけでは伝わらないという声であった。

例えば、大田洋子は「ちかごろ出たグラフの資料は直接眼に見えるものとして、その僅かな一部をつたえている。しかしこれらはあくまで僅かに一部であって、アサヒグラフの写真を見た人々は、あの形相の屍が広島全市に充満したのであることを知ってほしい」と記していた。[15]また、本章が後に触れる物理学者の三村剛昂も、「八月六日の「アサヒグラフ」を初めとして四つのグラフに原爆の写真が出ましたが、あんなものはまったくへっちゃらなものでありまして、われわれから見ると「なあんだ、こんなもの」というふうに思うのであります。しかし多くの人は、あれを見ると胸が悪くなって飯が食えない、こういう人があるのであります」と述べていた。[16]このように、被爆写真が被爆の実態に追いついていないという違和感は、体験者にしてみれば当然のことであったかもしれない。

これよりもさらに一歩引いた視点が、広島には存在した。原爆被害に関する文章や絵画について、「あんなむごたらしい地獄絵図なんか、もはや見たくも聞きたくもない」と書いた広島の作家、志条みよ子の視点である。[17]志条の父親は被爆者で当時も被爆が原因の病に苦しんでおり、志条自身も八月六日の夕刻に広島市に入ってその惨状を直接目にしていた[18]。原爆被害に関する情報の氾濫を目にした志条は、悲惨が「売り物」にされているように感じたのである。このような認識は志条に限ったものではなかった。『エスポワール』一九五二年七・八月合併号には、ベストセラーになった『原爆の子』について、次のような意見が掲載されていた。

各地でベスト・セラーになったこの本が、広島では案外冷淡にしか迎え入れられなかったのではないか。少なくとも広島の原爆の被害を受けた人たちの大部分はそうであったろう。原爆被害者の心の中には、今も尚癒されない傷があって、それにふれることを極度に嫌う傾向にあるのは明らかな事実なのだ。「一体それを思い出して何になるのだ。」と彼等は苦々しく云うだろう。（中略）戦後の風潮に便乗する原爆物、安価な原爆エレジーの横行は、彼等には耐えられなかった。彼等は原爆がどんなものであるかよく知っている。それを又本の中で見せつけられるなんて[19]。

被爆体験を「売り物」にすることへの拒否感については、福間良明による研究が存在するが、本章ではそのような拒否感が芽生えた背景として、一九四九年から一九五二年までの被爆地広島イメージの変転に注目する[20]。占領下において、被爆地広島はどのように自らのアイデンティティを形成し、それは広島の外からはどのように認識されていたのだろうか。

そもそも、占領下における広島平和記念都市建設法の請願とその国会通過にむけた運動、さらには特別法成立に必要な住民投票による過半数獲得を目指す一連の運動のなかで、広島は被爆の経験に基づく平和を自らのアイデンティティとして強くアピールしており、そのイメージは少なくとも広島において広く共有されていたと考えられる。石丸紀興の研究によれば、一九四九年の五月から七月にかけて、『中国新聞』やNHKラジオ、市民大会や講演会、街頭宣伝などで広島平和記念都市建設法の必要性を訴えるキャンペーンが敷かれた[21]。その結果、建物、街路、商店、銭湯、食べ物の類まで平和の語がつけられるようになっていた[22]。

このように平和の語があふれていた広島では、被爆経験を肯定的に想起する言説も珍しくなかった。浜井信三市長は、一九五三年二月一三日に広島を理想都市にするための討論を行った際、広島市と他の都市との違いについて以下のように述べていた。

従来の日本の都市は多かれ少なかれ封建的な城下町から出発、それから脱皮していないのが普通だが、広島は原爆をうけたのはきわめて不幸だが、その反面根本的に都市計画を行う機会に恵まれた。これを大いに活用するつもりだ[23]。

しかし、平和のイメージは広島平和記念都市建設法の成立からわずか一年も経たないうちに急速に転調する。一九五〇年には、朝鮮戦争勃発を受け、平和記念式典の左傾化を危惧した占領軍によって、平和記念式典が中止されたのである。一九五〇年の広島において、平和の語は政治的イデオロギーと不可分になっていた。

加えて、中央文壇が広島に期待したのも原爆であった。当時文芸評論家の山本健吉は、『文学界』一九五二年九月号の「同人雑誌評」で、広島の同人誌『広島文学』を取り上げて、「隅から隅まで目を通してみたが、原爆のゲの字も出てこないのだ。さぞかし「原爆文学」(変な言葉だが)にどっさりお目にかかれるに違いないという異郷の読者の期待に、見事に肩すかしを食らわせた形だ。(中略)広島から出される雑誌としては、何か一本クサビが抜けているような気がするのだ。これでは何処で出されたっていっこう構わない雑誌だ」として、原爆を題材にした作品の少なさを憂いていた(24)。

高邁な理想としての「平和」な広島のイメージが広まった後、朝鮮戦争によって「平和」は急速に政治化した。そして占領終結後には、被爆直後の悲惨な視覚的イメージが拡散していき、それに言及する言説の氾濫によって原水爆に反対する「被爆の記憶」が立ち上がった。それを踏まえて、中央文壇からは、広島の文学に原爆を求める声が提出されていた。

わずか数年の間に起こったこのような変転のなかで、被爆者の生活実態はほとんど顧みられることはなかった。被爆者の志条の「あんなむごたらしい地獄絵図なんか、もはや見たくも聞きたくもない」という言葉を生んだのは、被爆者の実状と乖離した被爆地広島のイメージの変転に対する強い違和感だったのではないだろうか。

核エネルギー研究の方向性をめぐって

占領下では、ウランの濃縮を含む核エネルギー研究が禁止されていた。講和問題への関心が高まるなか、原子核物理学者が懸念したのは核エネルギー研究が解禁されるか否かであった。結果として、講和条約には原子力研究を禁止する条項はなく、物理学者の議論の対象は、原子力研究の方向性へと移っていく。

なかでも熱心に議論されたのは、原子力研究を政府主導で行うべきか否かという問題であった。詳しい議論の経過は吉岡斉と山崎正勝の先行研究に譲り、本章では各々の科学者たちが核エネルギー研究開発について述べる際、どのような論理を用いたのか、そしてそこではどのように過去の体験が想起されていたのか、という問題に注目したい。

一九五二年の夏、当時大阪大学理学部教授だった伏見康治は、原子力研究開発を推進する組織づくりを期して、様々な専門家を訪ね歩いていた。一〇月一日には私案を練り上げて小冊子に印刷して科学者たちに配布した。その小冊子は、「原子力委員会設置について、諸兄の御意見を頂きたい」と始まり、原子力研究を兵器研究に転換させないための伏見の私案が記されていた。それは「軍事目的の研究は一切行わない」、「研究結果はすべて定期的に公表する」といった憲章を定めるという案であった[25]。

このような動きは、科学者たちの間だけで行われていたが、メディア上で核エネルギー研究の必要性を説いたのは、物理学者で当時大阪大学教授の菊池正士であった。彼は戦中に科学者の翼賛運動の旗振り役を務めた人物でもあった。菊池は、一九五二年九月号の『科学』誌上で、「原子力時代」へと進んでいく世界の趨勢から取り残される危機感を露わにした。

原子力の問題は単に科学技術に限られた問題ではない。この時代の到来は人間社会のいろいろの関係を根本から変更する可能性を多分に含んでおり、その社会全般におよぼす影響の大きいことは蒸気機関のもたらした産業革命よりさらに大なるものがあるだろう。この時にマゴマゴ口をあけて傍観している手はないのである。まず必要なことは為政者がこの点を強く認識することである。そして直ちに大研究組織を結成し十分の予算を持って活動を開始することである。[26]

政府の全面的バックアップを受けた研究体制を早急に確立すべきと主張した菊池の文中に、伏見の名は出ていないが、菊池と伏見は大阪大学の同僚であるため、菊池が伏見の小冊子を目にしていた可能性は高いと思われる。

菊池のように、政府に働きかけ、核エネルギー研究体制を固めようとする動きが起こった一方、政治主導の研究体制が形成されることに対して、研究の自主性という観点や、いつなんどき軍事研究に巻き込まれてしまうかわからないという観点から、危機感を募らせる科学者も多かった。

科学者たちが抱いた危惧には、当時十分な根拠があった。なぜなら、山崎正勝が明らかにしているように、一九五二年六月に当時自由党の議員であった前田正男が科学技術庁の構想を学術会議に示した際、前田はその目的を「原子兵器を含む科学兵器の研究、原子動力の研究、航空機の研究」にあると述べていたからである。[27]

「慎重派」に属した代表的人物である武谷三男は、核エネルギー研究に必要な条件を以下のように述べた。

そこで私は原子炉建設にさいして、厳重に次のような条件を前提とすべきで、これは世界に対して声明し、法律によって確認さるべきだと思う。

日本人は、原子爆弾を自らの身にうけた世界唯一の被害者であるから、少なくとも原子力に関する限り、最も強力な発言の資格がある。原爆で殺された人々の霊のためにも、日本人の手で原子力の研究を進め、しかも、人を殺す原子力研究は一切日本人の手では絶対に行わない。そして平和的な原子力の研究は日本人は最もこれを行う権利をもっており、そのためには諸外国はあらゆる援助をなすべき義務がある。

ウラニウムについても、諸外国は、日本の平和的研究のために必要な量を無条件に入手の便宜を図る義務がある。

日本で行う原子力研究の一切は公表すべきである。また日本で行う原子力研究には、外国の秘密の知識は一切教わらない。また外国と秘密な関係は一切結ばない。日本の原子力研究所のいかなる場所にも、いかなる人の出入りも拒否しない。また研究のためいかなる人がそこで研究することを申し込んでも拒否しない。

以上のことを法的に確認してから出発すべきである。[28]

このころの武谷は、ノルウェーが国産原子炉の製造に成功したことを知り、日本でも原子炉製造を進めるべきだと認識していた。[29] かといって「逆コース」に舵を切った吉田政権下で政治主導の研究を開始することは、武谷にとって認められるものではなかった。そのジレンマの中で、武谷が提案したのは、後に学術会議が提示する「原子力三原則」(「公開」、「自主」、「民主」)の三点を先取りした条件であった。

ただし、先に引いた言説について、より重視されるべきなのは、引用の前半部にある、「原爆で殺された人々の霊のためにも、日本人の手で原子力の研究を進め」という部分であろう。ここでは広島・長崎の死者が想起され、それが核エネルギー研究を進める根拠として位置付けられている。これは、先に挙げた広島市長の浜井信三による、原爆を受けた広島は都市計画を行う機会に恵まれた、という言説にも共通することであるが、原爆が投下されたという事実から何か有益な要素を抽出し、その要素を自分たちがめざす目標に沿うように位置づける言説は、当時決して珍しくはなかった。

その後、核エネルギー研究開発の方向性をめぐる議論の中で、具体的な動きを見せたのは伏見康治であった。伏見は物理学者の茅誠司とともに「原子力問題を検討する委員会」の設置を目指し、学術会議が政府に申し入れを行うべきだと考えていた。伏見と茅は、学術会議で理学部門を担当する第四部会の総意として提案するつもりでいたが、学術会議第一三回総会の日(一九五二年一〇月二四日)の午前中に第四部会がこれを否決した。そのため、伏見と茅の二人からの提案という形式で、「来年四月の総会で政府に対して原子力問題について申し入れを行うことの可否を検討する」という議案が諮られることになった。(30) そしてこの議案は三村剛昂による強い反対を招くことになる。

三村剛昂の反対論

日本学術会議第一三回総会は、一九五二年一〇月二四日、午後三時四五分に開始された。会場で配布された議案の裏にはその提案の趣旨が参考資料として記されており、それが論争の焦点となった。議案の裏に書かれていた参考資料の詳細はわからないが、茅の口頭の説明によれば、「原子力問題を検討する委員会」の設置を政府に勧告するという趣旨であった。

茅・伏見提案は強い反対意見を呼び込んだ。なかでも強硬な反対論を展開したのが三村剛昂であった。三村は当時広島文理大で助教授を務めていた理論物理学者であり、広島での被爆体験をもつ人物である。

そもそも三村は、一九五一年一〇月に開催された学術会議第一一回総会の場で、講和条約の調印に際して再軍備に反対する声明案が諮られた際、これに反対していた。『原爆の子』の編者でもあった長田新が「平和を念願するわれわれ日本人の良心の訴えにしたい」と提案理由を説明し、務台理作は「あらゆる科学者が武器製造に協力しなければ戦争はできなくなるであろう、このような考えは夢かもしれない、しかしたとえ夢であっても平和に対する夢を語りたい」として声明案を擁護していたが、三村は「昨年朝鮮戦争がはじまって以来の現実はそのような夢を見ることを許さない」と反駁したのである[31]。

図6　三村剛昂

このように、三村は再軍備に反対していたわけではなかった。その三村が、今度は原子力研究を推進しようという茅・伏見提案に反対したのである。三村の行動は、既存の保守と革新という対立軸からみると整合性がないようにみえるが、その反対論の背景には、そのような対立軸では理解できない心情が存在していた。その心情を理解するために、やや長くなるが学術会議第一三回総会における三村の発言を引用したい。

原爆が落ちてから後に病みますと、初めの数日は熱が出て翌日ぽろっと死ぬ。こういうことでありましたが、やがては、熱が出て髪の毛が脱ける、そうして死ぬ。もう少したちますと、熱が出て頭の毛が脱け、そして目、口、鼻から血が出て来る。だんだんその期間が長いのでありまして、初めのときは二日か三日で死ぬ。ところがしまいには二週間か三週間で死ぬ。その間はまったく死を宣告されて手の施しようがないという死に方をみなしておるのであります。（中略）最近の調査報告によりますとまだ最近でも目が見えなくなったり、白血病になって死んで行く者があるという残虐なものであります。だからわれわれ日本人は、この残虐なものは使うべきものでない。（中略）二〇万の人が死んだ、量的におおきかったと思うが、量ではなしに質が非常に違うのであります。しかも原子力の研究は、ひとたび間違うとすぐそこに持って行く。しかも発電する――さっきも伏見会員が発電発電と盛んにいわれましたが、相当発電するものがありますと、一夜にしてそれが原爆に化するのであります。これらの危険性からいっても私は反対ですが、もう一つ私は別のことを考えておりますので、それをひとつ述べさせていただきます。

それは私が原爆でやられて病床に二ヶ月おりましたときに考えたことは、どうしてアメリカにこのかたきを討ってやろうかということでありました。ところが考えてみますと、前のドイツの例で見れば武力で侵したところでとても勝てぬ。（中略）それでは日本が今のような行き方で行ったら、とても勝てないということに私は気がつきまして、戦いにあらざる戦いを武器にあらざる武器でもってやる。武器でないもので現在の戦争という定義にない戦争をしてやっつける〔拍手〕こういう方法しかないと考えたのであります。それには何があるか。芸術において世界第一になる。これもやはり勝つ方法であります。あるいは文学において、あるいはわれわれの専門の理論物理学において世界第一になる。（中略）

それで機会があったならば原爆の惨害を世界中に広げる。特に日本がじゃんじゃんと広げて行く。これが日本の持っている武器を最も有効に働かすゆえんだ。(32)

引用部に混在している要素は、以下の三点に整理することができるだろう。

第一に、三村が「量ではなしに質が非常に違う」という、原爆による放射線障害の問題である。それまでの核エネルギー研究開発に関する議論において、被爆体験が想起されることはなかっただけに、三村の発言は、それまでの議論が有していた死角を顕在化させ、戦後の科学者がいかに被爆の現状から目をそらしてきたのかを露呈させたのであった。

わずかでも研究が兵器開発に転じるおそれがある以上は、研究を推進する可能性のある委員会を設置すべきでない、という三村の発言は、先に挙げた第八回総会で彼が日本の再軍備を否定しなかったことと矛盾しない。つまり、三村にしてみれば、通常兵器で武装する分には否定しないが、「量ではなしに質が非常に違う」原子爆弾を保有することは許しがたかったのである。

第二に、「武器でないもので現在の戦争という定義にない戦争をしてやっつける」という言葉が示している、アメリカへの対抗意識である。さらに三村は、その対抗意識をもとに、「原爆の惨害を世界中に広げ」、アメリカの非人道性を衝くことが「日本の持っている武器」であると述べていた。これは、第三章でみるような原水禁運動においては前景化しなかった意図であるが、被爆者のアメリカに対する感情を知るうえで見逃すことのできない証言である。

第三に、原子力発電所の「原爆化」に警鐘を鳴らしていた点も重要である。三村が言うように「一夜にしてそれが原爆に化する」というのは誇張だとしても、その後の日本の核エネルギー研究開発の展開を鑑みれば、三村の発言はさして的外れなものではなかった可能性がある。というのも、一九五七年五月の岸信介の「現憲法下でも核保有が可能」という発言によって表面化し、後に岸自身の回顧録でも確認されるように、主権回復後の日本国が核武装能力を保持する意図を持っていたことを否定しきることは困難だからである。[33] 核武装が実現可能だったのかどうかは別にして、核武装という欲望は少なくない人びとに共有されていたのかもしれない。そのような欲望が「原子力の夢」の底に脈打っていた可能性を、完全に退けるのは難しかろう。

学術会議一三回総会に至る核エネルギー研究開発の方向性をめぐる議論における「慎重派」

の主張の核心には、将来軍事研究に取り込まれるかもしれないという危惧があった。ただし「慎重派」の主張は兵器としての核エネルギーと動力源としての核エネルギーを峻別できるという認識の上に立っている点で、「推進派」と同根であった。一九五二年の秋以降に行われた議論では、ほとんどすべてのアクターたちが核エネルギー研究の開始を前提としており、争われたのはその条件であった。どのようなかたちであれ核エネルギーの利用そのものがもたらす放射性物質の危険性（被爆＝被曝）に目がむけられることはなかった。その意味では、被爆者の三村の存在があったとはいえ、科学者の間でも被爆体験は限定的に理解されていたのである。

学術会議総会後の核エネルギー研究開発の方向性をめぐる議論は、新たに設立された第三九委員会において継続された。この第三九委員会での議論の内容は、山崎正勝による研究がある。第三九委員会が直面していたのは、「原子力の軍事転用を防ぎながら、平和的利用の可能性を見通す」という問題であった(34)。ただし、委員会での議論の内実はどうあれ、その議論の経過を継続的に報じていたのは、科学雑誌『自然』の「原子力情報」という小欄のみであった。委員会の外部の人間にとっては、委員会が結論を先送りしているようにみえたとしても無理はなかったといえよう。

核エネルギー研究開発体制の成立

第三九委員会において議論が継続していた中、事態は思わぬ形で急転した。一九五四年三月二日、自由党、改進党、日本自由党の保守三党が原子力予算を提出したのである。原子炉建設基礎調査費二億三千五百万円、国会図書館用原子力文献費二千万円、ウラニウム探鉱費千五百万円が新年度の予算に組み込まれた。突然の原子力予算案には背景があった。当時改進党の議員であった中曽根康弘は、一九五一年一月、講和条約作成のため来日していたアメリカ特別大使J・F・ダレスに会い、原子力研究と航空機の製造保有を解禁するように申し入れていた(35)。さらに中曽根は一九五三年、ヘンリー・キッシンジャー(Henry Kissinger)が幹事役をつとめるハーバード大学夏期国際ゼミに出席し、その帰途にサンフランシスコに立ち寄っていた(36)。そこで中曽根は当時バークレーのローレンス研究所にいた物理学者の嵯峨根遼吉と面会し、原子力研究開発について話し合った。中曽根の回想によれば、そこで嵯峨根は政府が予算と法律によって原子力研究を保障すべしと提言したとされる(37)。これは結果として、一九五三年末のアメリカのアイゼンハワー大統領政権の政策に呼応する動きとなった。

アメリカでは一九五三年一月にアイゼンハワー政権が発足していた。アイゼンハワーは核エネルギーの「軍事利用」と「平和利用」を表向きには峻別し、ソ連との水爆開発競争に邁進すると同時に、アメリカが重要とみなす地域へのソ連の挑発に対しては、ソ連本土への核攻撃を行うという「大量報復戦略」を採った。その一方、同盟国に「平和利用」を推進させる政策を選択することになる。[38] そして、一九五三年一二月、アイゼンハワーは国連総会において「平和のための原子力（Atoms for Peace）」演説を行い、国際原子力機関の創設とそれによる「平和利用」推進の必要性を力説した。これにより、一九五四年にアメリカでは原子力法が改正され、西側諸国と原子力協力体制が本格的に構築されていく。アイゼンハワー政権の「大量報復戦略」のもと、「核の傘」に入りつつあった日本は、同政権の国際核エネルギー戦略下にも入ることで、慌ただしく核エネルギー研究開発体制を整え始めたのである。[39]

では、当時の社会は原子力予算の出現をどのように受け止めたのだろうか。ここでは『読売新聞』と『朝日新聞』の社説から、受容動向を探ってみたい。『読売新聞』の社説は、以下のように論じていた。

世界は原子力時代へと着々すすんでる。ということは原子炉《パイル》を中心として動いていることであるが、もちろんそれは平和への使徒としてのみ意義がある。原子核燃料が発電用として石炭にかわる事は間違いなく、これによって現代文明を可能ならしめている地下深い奴隷労働も解放されるであろうし、動力源に遠い荒地も産業文化の恵沢に彩られよう。水力も石油もなく石炭にも限りのあるイギリスは、すでに大胆に原子力政策を推進し、その生産の九割を原爆にあてた従来の政策から発電所用増殖炉《ブリーダー》の完成へと転換し、その工業化のためには、これを官庁機構から解放して一般産業と同じ系列におかんとさえしている。わが国のような海運貿易国では、シケの場合にも航行の容易な原子力エンジン利用の潜水貨物船の建造も必至の命題であろう。（中略）

積極的に「原子力大学」の如きを創設して、原子力技術者の養成をはかるとか、核分裂物質の確保に努力するとかして、原子動力国として国民生活の向上をはかり、そして原子力の平和的利用の先頭にたつという進取的自覚によって、民族の清新な意気を振興せしむるのが急務ではなかろうか。(40)

このように、原子力予算を肯定的に捉え、日本は「平和的利用」を推進すべしとして具体的な筋道を描いてみせた『読売新聞』に対して、『朝日新聞』の社説では、原子力予算の無計画性と、学術会議における議論の停滞が批判されていた。

原子炉製造補助費というが、いったい、どこの、だれが、日本で原子炉製造計画を、具体的に持っているか。われわれの知る限りで、そのような具体的計画は、まだ存在していないのである。具体的計画がないのに、補助費とは、何としたあいまいな予算であろうか。こんなに、あいまいな予算案は、日本でも、おそらく、はじめてであろう。（中略）

日本学術会議の現状が、日本の原子力政策の根本方向を定めるのに必要な予備調査すら行っていないことは、重大な欠陥である。素人の集まりの政党のみをせめることはできぬ。[41]

ただし、この『朝日新聞』の社説とて、核エネルギーの研究開発の必要性自体を否定しているわけではない。ここでも、先に考察した日本学術会議第一三回総会における論争と同様に、研究開発を始める時期とその方向性が争点となっていたのである。

この原子力予算の登場に対応を迫られた日本学術会議は、一九五四年三月一一日、第三九委員会を緊急に開催し、その席上で伏見康治が作成した七条からなる原子力憲章の草案が検討された。[42]学術会議は、伏見の草案を練り上げ、一九五四年四月の第一七回総会で政府に対し、原子力研究の情報公開、民主的運営、日本国民による自主的運営の三原則を訴えるとともに、第三九委員会を原子力問題委員会へと改組した。

一方、政府の側では、原子力予算成立後の一九五四年五月一一日、内閣に原子力利用準備調査会が設けられた。[43]当時副総理だった緒方竹虎が会長を、当時経済審議庁長官だった愛知揆一が副会長を務め、経団連会長の石川一郎や学術会議会長の茅誠司、学術会議第四部長の藤岡由夫らが委員となった。[44]原子力委員会が発足するまでの間は、この原子力利用準備調査会が、日本の核エネルギー政策を主導していった。

しかし、あくまで自主的な核エネルギー研究開発を目指そうとしていた日本政府と学界は、アメリカの国際的な核エネルギー戦略の渦中に巻き込まれていく。一九五五年一月、日本に非公式に濃縮ウラン提供の打診があり、政府が各方面に意見を求めている間に、この問題が四月一四日の『朝日新聞』の一面トップで大きく報じられた。学界からは、濃縮ウランを受け入れるのは研究の自主性を損なうものであり、学術会議が定めた三原則と相反する恐れがあるとして、反対意見が起こった。(45) 学界の反対を受けて、『読売新聞』は「それ自体に何の機密もない濃縮ウラニウムの完成品受入れの是非などをことごとしく論ずることは神経質に過ぎよう」として、核エネルギー研究開発を急ぐ論陣を張った。(46)

結局、濃縮ウランの受け入れをめぐる日米原子力協定は六月二一日に仮調印された。濃縮ウランの受け入れ機関を新設する必要に迫られた原子力利用準備調査会は財団法人設立の方針を固め、一一月三〇日、原子力研究所が発足する。(47) さらに、受け入れた濃縮ウランを燃料とする実験用原子炉として、アメリカからWB炉（ウォーターボイラー炉、「湯沸し型」と呼ばれることもあった）を輸入することが決まった。(48) まずアメリカの提案に乗り、それに合わせて慌ただしく体制を整えていった。

加えて、この時期にはその後の核エネルギー研究開発体制にとって重大な意味をもつ人事決定がなされていた。一九五五年一一月二二日に成立した第三次鳩山内閣が、正力松太郎を原子力担当大臣に任命したのである。

左右社会党の統一とそれによる保守合同によって自由民主党が結成され、内閣が総辞職した後に開かれた一九五五年一二月の臨時国会で、「原子力基本法」「原子力委員会設置法」「総理府設置法の一部を改正する法律」の原子力三法が成立した。これにより、一九五六年一月一日に原子力委員会が発足し、委員には、経団連の会長であった石川一郎、経済学者の有沢広己のほか、学界から藤岡由夫（常勤）と湯川秀樹（非常勤）が入ることになった。また、一九五六年三月には科学技術庁設置法が可決、四月には日本原子力研究所法によって原子力研究所が財団から特殊法人に変わった。同時に原子燃料公社法も可決し、核エネルギー研究開発体制が成立するのである。

註

（1）吉岡斉「原子力体制の形成と商業炉の導入」「原子力研究と科学界」中山茂、後藤邦夫、吉岡斉責任編集『通史日本の科学技術2　自立期1952―1959』学陽書房、一九九五年。山崎正勝『日本の核開発：1939～1955 原爆から原子力へ』（績文堂、二〇一一年）。

（2）堀場清子『原爆　表現と検閲』朝日新聞社、一九九五年、一二三頁。

（3）広島県編『原爆三十年』広島県、一九七六年、一九八頁。

（4）小沢節子『「原爆の図」描かれた記憶、語られた絵画』岩波書店、二〇〇二年、一〇九頁。

（5）福間良明『「反戦」のメディア史　戦後日本における世論と輿論の拮抗』世界思想社、二〇〇六年、二〇二―二〇八頁。

(6) 小倉豊文「はしがき」『絶後の記録』中央社、一九四八年、一頁。

(7) 「世界各国に贈る　アサヒグラフ原爆号」『朝日新聞』一九五二年八月二六日。「アサヒグラフ原爆特集号から平和を願う文通」『朝日新聞』一九五二年一〇月一八日。

(8) 「「力による平和」への反省」『朝日新聞』一九五二年八月六日。

(9) 「「原爆乙女」に芸能界で協力「原爆乙女」募金」一九五二年九月四日。なお、当時の社会に流通した「原爆乙女」の表象に関する研究には、中野和典「「原爆乙女」の物語」(『原爆文学研究』創刊号、二〇〇二年)がある。

(10) 長田新編『原爆の子』岩波書店、一九五一年、三四頁。

(11) 武谷三男「原子力を平和に使えば」『婦人公論』一九五二年八月号、一一二頁。この文章は『武谷三男著作集』に収録されているが、そこでは大幅に修正されている。

(12) 正木千多「原子力の経済学　原子力発電が実現したら」『エコノミスト』一九五三年一月三日号、六二頁。

(13) 「新しい産業・3　原子力工業と日本」『ダイヤモンド』一九五三年四月一一日号、四三頁。

(14) 野上茂吉郎「原子エネルギーの使い方　原子力の構造と平和的利用」『東洋経済新報』別冊第一四号、一九五三年六月号、六六頁。

(15) 大田洋子「生き残りの心理」『改造』臨時増刊号、一九五二年一一月号、一二五頁。

(16) 「原子力問題に関する討論　学術会議における論争」『自然』一九五三年一月号、三三頁。

(17) 志条みよ子「「原爆文学」について」『中国新聞』夕刊、一九五三年一月二五日。なお、志条の論考が契機となって、『中国新聞』紙上ではいわゆる「第一次原爆文学論争」が起こった(本書第七章を参照)。

(18) 福間良明『焦土の記憶　沖縄・広島・長崎に映る戦後』新曜社、二〇一一年、二七八—二八一頁。

(19) 落藤久生「原爆と文学　被害者の立場から」『エスポワール』一九五二年七・八月合併号、五六頁。
(20) 福間、前掲書、二七六―二八五頁。福間によれば、被爆体験を「売り物」にすることを拒否し、そこから目を背けようとしようとする志条みよ子のような態度と、あえて被爆体験に固執しようとした吉川清のような態度が、広島内で同時に起こっていた。
(21) 石丸紀興「「ヒロシマ平和記念都市建設法」の制定過程とその特質」『広島市公文書館　紀要』第一一号、一九八八年。
(22) 「広島　街は〝平和〟の大安売り」『朝日新聞』一九五二年一月一六日。
(23) 「理想都市広島建設の構想　浜井市長は語る」『中国新聞』一九五三年二月一五日。
(24) 山本健吉「同人雑誌評」『文学界』一九五二年九月号、一七八頁。
(25) 伏見康治『時代の証言』同文書院、一九八九年、二二九―二三二頁。
(26) 菊池正士「原子力研究に進め」『科学』一九五二年九月号、三三二頁。
(27) 山崎正勝『日本の核開発：1939～1955　原爆から原子力へ』績文堂、二〇一一年、一二七頁。
(28) 武谷三男「日本の原子力研究の方向」『改造』臨時増刊号、一九五二年一一月号、七二頁。
(29) 武谷三男『原水爆実験』岩波書店、一九五七年、一二頁。
(30) 「原子力問題に関する討論　学術会議における論争」『自然』一九五三年一月号、二八―二九頁。
(31) 新村猛「岐路に立つ日本学術体制　日本学術会議第一一回総会を終えて」『自然』一九五二年一月号、二六―二七頁。
(32) 「原子力問題に関する討論　学術会議における論争」『自然』一九五三年一月号、三三―三四頁。
(33) 日本が核保有を検討していたことを示唆する例としては、二〇〇六年一二月二五日の『産経新聞』による報道がある。記事は、一九六三年九月に制作された「核兵器の国産可能性について」という政府内部調査文書の存在を報じた。

(34) 山崎、前掲書、一四一頁。

(35) 中曽根康弘「原子力平和利用の精神」『日本原子力学会誌』二〇〇三年一月号、一頁。

(36) 同右。

(37) 同右。

(38) 梅本哲也『核兵器と国際政治 1945―1995』日本国際問題研究所、一九九六年、五四頁。

(39) 日本がいつアメリカの「核の傘」に入ったのかは判然としないが、黒崎輝が考察しているように、「大量報復戦略は、いつ、どこで、どのように核兵器による報復を行うかをあえて明言せず、「曖昧さ」を残すことによって、ソ連・共産主義陣営に対する抑止効果を高めることを意図していた」(黒崎輝『核兵器と日米関係 アメリカの核不拡散外交と日本の選択1960―1976』有志舎、二〇〇六年、二三頁の註25)。本書ではこの黒崎の考察に倣って、「「核の傘」に入りつつあった」と記すことにする。

(40) 「原子炉予算問題に寄せて」『読売新聞』一九五四年三月一三日。

(41) 「原子炉予算を削除せよ」『朝日新聞』一九五四年三月四日。

(42) 原子力開発十年史編纂委員会『原子力開発十年史』社団法人原子力産業会議、一九六五年、五三頁。

(43) 同右、三五頁。

(44) 森一久編『原子力は、いま 日本の平和利用30年』上巻、丸ノ内出版、一九八六年、二六頁。

(45) 濃縮ウラン提供をめぐる日米間交渉と国内学界の反発については、山崎正勝「日本における「平和のための原子」政策の展開」(『科学史研究』第四八巻、二〇〇九年)が詳しく跡付けている。山崎の論で特に興味深いのは、日米の政府関係者が、武谷三男や坂田昌一、伏見康治といった科学者たちを「研究者の極左派」として排除しようとしていたことを示した点である。

(46)『「原子力日本」への第一歩」『読売新聞』一九五五年五月二一日。

(47) 原子力開発十年史編纂委員会、前掲書、三九頁。

(48)「「湯沸し型」に落着　米から購入の原子炉」『朝日新聞』夕刊、一九五五年九月九日。

第Ⅱ部　原水爆批判と「平和利用」言説の併走

第三章　第五福竜丸事件と「水爆」の輿論

占領期と占領終結直後の議論を取り上げた第Ⅰ部の後を受けて、第Ⅱ部では、ほぼ時を同じくして起こっていた二つの出来事、第五福竜丸事件と原子力「平和利用」キャンペーンに焦点を当てる。

前章で確認した原子力予算の出現と時を同じくして、第五福竜丸の船員たちがビキニ環礁の近海で核実験に遭遇していた。焼津港に戻った船員達が、核実験による放射性降下物を大量に浴び、体内にも摂取していたとわかると、この事件は大々的に報道され、原水爆禁止署名運動の組織化につながったことはよく知られている。

第三章では、まず、原水爆禁止署名運動の成立とその広がりを、運動側の言説やアクターのポジションから検討していく。さらに、原水爆の問題をテーマにした映画作品の評価言説から当時の知識人が原水爆と署名運動に対して抱いていた認識を解明する。第五福竜丸事件とその

後の原水爆禁止署名運動のなかで、「被爆の記憶」はどのように編み直されたのだろうか。(1)

第五福竜丸事件の報道

一九五四年三月一日、アメリカによる水爆実験がマーシャル諸島のビキニ環礁で行われた。これにより、アメリカの定める危険区域から東へ約三〇キロメートルの海域で操業していたマグロ漁船第五福竜丸号の船員二三名が被曝した。三月一四日に焼津に帰港していた第五福竜丸の船員たちは、焼津の病院で診察を受けた後、ただちに東京の病院に搬送され、東京大学付属病院に七名、国立東京第一病院に一六名が入院した。これを三月一六日の『読売新聞』が大々的に報じたことにより、この事件は国内外の幅広い注目を集めることになった。

四月には他のマグロ漁船のマグロについて、単に表面に灰が付着しているのではなく、内臓の放射線汚染が発覚し、いわゆる「死の灰」が予想以上に広範囲に及んでいるということが問題になった。これらの騒動の渦中にもアメリカの水爆実験は継続されており、五月には日本各地に強い放射線を含んだ雨が降った。飲み水には十分な濾過を要するとの警告が新聞で取り上げられると、健康被害についての関心が高まった。このこともまた、反核輿論の高まりに拍車をかけたと考えられる。その後、主婦たちによる署名活動という草の根レベルの運動が起こり、それが原水爆禁止署名運動へと繋がり、一九五五年の原水爆禁止世界大会として結実したことは周知の事実であろう。

第五福竜丸事件が全国規模の原水禁署名運動へと展開した要因としては、杉並区の女性たちによる運動が第一に挙げられるが、それ以外の要因として、まず当時のマスメディアによる報道を確認しておきたい。

テレビがいまだ普及していなかった当時、マスメディアとはラジオと新聞、雑誌メディア、ニュース映画であり、特にラジオに関しては一九五四年は躍進期であった。一九五四年四月に文化放送が出力を増強、さらに七月一五日にはニッポン放送が発足したことにより四局（NHK、ラジオ東京、文化放送、ニッポン放送）によるラジオの全国放送が始まっていた。

邦人漁夫、ビキニ原爆実験に遭遇

23名が原子病

一名は東大で重症と診断

水爆か

"死の灰"つけ遊び回る

焼け

図７　『読売新聞』1954年３月16日

船員の容態や「死の灰」の検出、放射線を含む雨に対する警告など、第五福竜丸事件と呼ばれる一連の出来事は、ラジオと新聞によって繰り返し報じられてナショナル・イシューとなったのである。一九五四年八月六日には、病院と焼津の魚市場、広島平和公園の三カ所を結んで行われた文化放送の番組では、入院中だった第五福竜丸の無線長久保山愛吉自身が家族に語りかけ、娘が手紙を朗読するという企画が行われるほどであった[2]。テレビが本格的に普及する以前のこの時期、ラジオは第五福竜丸事件を久保山愛吉とその家族の悲劇として聴衆に提示していた。

第五福竜丸事件の、ラジオによる広がりを示す例としては、広島大学文学部教授で平和運動家としても有名な森滝市郎の日記を挙げることができる。「ビキニ原爆実験の灰をかぶりし漁船の乗務員の原爆症の報伝わる。ラジオをきき悲憤やるかたなし。一家おそくまでラジオききつつ怒る」とあるように、新聞より即応性の高いラジオが、第五福竜丸事件の伝播の最大の要因であった。(3)

第五福竜丸事件を受けた世論調査では、「日本人はこれから先も原子爆弾や水素爆弾の被害をうける心配があると思いますか。そんな心配はないと思いますか」という問いに対して、「心配がある」という回答は七〇%に達し、その対策として「原子兵器の製造使用禁止」「原爆水爆の実験禁止」「原爆水爆の国際管理」を挙げた意見は計四六%であった。(4)

署名運動のおこりと安井郁

第五福竜丸事件を受けて、全国各地の自治体や平和団体は声明を発表するなど具体的な運動を始めていた。なかでも注目すべきは女性たちによる運動であった。一九五四年三月に主婦連合会、地域婦人団体連合会、生活協同組合婦人部が連名で次のような声明を発表したのである。

> 原水爆の悲惨な被害は、人類滅亡への道であることを示しました。私たち日本の婦人は、私たちの受けた犠牲が、将来、世界のいかなる国にもくりかえされてはならない、『死の灰』をこれ以上、世界の空から降らせてはならない、とかたく決意しました。一、原子兵器の製造・実験・使用が禁止され、二、原子力の国際管理と平和的利用の世界的保証がなされないかぎり、人間生存のいかなる努力も、もはやムダになりましょう。貴女方も、私たちも、再度ぎせ《ママ》い者になってはなりません。地球上から死の灰をけすために、私たちの切なる叫びを、お聞とり下さい。(5)

一九五四年の三月という、第五福竜丸事件の直後に発表されたこの声明の背景には、一九五〇年代前半における婦人運動の隆盛があった。一九五〇年代には、政治と台所の直結を訴えていた主婦連合や、生活の無駄を省くことを唱えた「新生活運動」など、消費経済面の安定を志向する運動が起こり始めていたのである。(6)

この声明に応じた団体の一つが杉並の主婦たちによる杉並婦人団体協議会であった。一九五四年五月九日に、安井郁《かおる》を議長とする原水爆禁止署名運動杉並協議会を結成するのである。(7)

安井郁は一九〇七年生まれの国際法学者であり、一九四一年からは東京帝大法学部の教授を務めていた。一九三七年には、当時の日本を「永くしいたげられていた東亜を西欧の帝国主義から解放する」という使命を持った「真の東亜解放者」として位置づけたこともある。(8)戦後に

図8　安井郁

なると、安井は一九四八年にＣＩＥ（民間情報教育局）による教職適格審査において「不適格」とされ、教職を追放された(9)。
　一九五〇年一〇月に追放解除となった安井は、法政大学などで再び教鞭をとることになるが、それまでは自宅に弁護士の看板を掲げて生活をしていた。教職追放による時間の余裕は、彼の目を、自らが居を構えていた杉並区とその住民たちに向けさせた。そして子どもたちへの教育の必要性を認識するようになったという。追放解除後も、こども会やＰＴＡ活動に参加していくなかで地域の顔役としての地位を固め、一九五二年五月に杉並区立図書館長に、一九五三年一一月には杉並区公民館館長に就任するに至る(10)。むろん、元東京帝大教授という肩書がそこに作用していなかったはずはないが、地域と関わる過程で安井が「民衆教育」に目覚めていったことは間違いない。安井は一九五四年一月二一日の杉並婦人団体協議会の設立にも尽力した。この杉並婦人団体協議会が、原水爆禁止署名運動の重要なアクターとなっていく。杉並婦人団体協議会は、四月一七日に杉並区議会で核実験の禁止を求める決議案が採択されると、広範な署名運動を求めて安井に相談を持ちかけた。これにより、安井が率先して、署名運動を働きかけていったのである。
　占領後期から主権回復後の日本における平和運動の担い手は左翼団体であることが多く、その中で左派系の知識人が取りざたされることが多かったことを思えば、前述のような経歴を持つ安井郁と原水爆禁止署名運動との関係は、従来の平和運動とは異なっていたと言えよう。

署名運動拡大の要因

署名運動を広めるにあたって、安井郁は「杉並アピール」と呼ばれる声明とスローガンを発表した。その声明の冒頭で、安井は第五福竜丸事件を、広島、長崎に次ぐ第三の核被害として位置づけることになる。第三の核被害として語られることによって、第五福竜丸事件は「被爆の記憶」に編入されていった。[11]

全日本国民の署名運動で水爆禁止を全世界に訴えましょう。

広島・長崎の悲劇についで、こんどのビキニ事件により、私たち日本国民は三たびまで原水爆のひどい被害をうけました。死の灰をかぶった漁夫たちは世にもおそろしい原子病におかされ、魚類関係の多数の業者は生活をおびやかされて苦しんでいます。魚類を大切な栄養のもととしている一般国民の不安もまことに深刻なものがあります。[12]

このような声明に続いて、簡潔な三項目のスローガンが記されていた。「原水爆禁止のために全国民が署名しましょう」、「世界各国の政府と国民に訴えましょう」、「人類の生命と幸福を守りましょう」というスローガンである。この声明とスローガンは署名簿の表紙に掲げられていた。[13]

この署名運動は、一九五五年一月には二二〇〇万を越える署名を集め、原水禁世界大会が開催された八月までには、署名数が約三二〇〇万に至るほどの全国的な運動となった。[14]では、いったいなぜ、杉並から始まった運動はこれほどまでの膨大な署名を集めることができたのだろうか。

原水爆禁止署名運動が「広島、長崎、ビキニ」を並置しながら、アピールにおいて広島・長崎の被爆者救護の問題を取り上げなかったことが示すように、具体的政治目標を掲げなかったことが、運動の拡大につながったと考えられる。あくまで原水爆実験に反対か否かのシングル・イシューに焦点を当てたこの署名運動は、政治性を脱色し、敢えて大きな器を準備するにとどまったからこそ、その器の中に多様なアクターがそれぞれの目標を入れ込むことができた。

見逃してはならないのは、そこに働いていた安井郁の思惑である。[15]それまでの日本における核兵器禁止運動が、ストックホルム・アピールに代表されるように、左翼団体を主な担い手とし、それゆえに政治運動の色彩が強かったのに対し、原水禁署名運動はそのような運動形態をとらず、地方自治体との連携を重視した。先行研究では、当時民同（民主化同盟）・総評（日本労働組合総評議会）運動がようやく定着しようとしていた時期であり、革新政党の組織人員もわずかであったため、初期の原水禁運動を担った主な組織は、町内会・婦人会・青年団という保守的色彩の強い団体になったと指摘されている。[16] 確かに革新政党の組織力の未整備という側面もあろうが、安井自身が自らの方針を次のように語っている通り、そこには明確に安井の方針が作用していたと考えられる。

民主団体といいましょうか、平和団体といいましょうか、そういう団体に属する人々が、市や区の当局と相談もなしに、自分たちの運動として勝手に署名運動を推進する場合がありがちだということです。私はそういう人々の熱意と純粋な気持ちはよくわかりますけれども、原水爆禁止運動はどうしても全国民運動、全市民運動、全区民運動として進めていかなければならないのですから、やはり自分たちでなければやれないのだという気持はおさえてなければならないと考えています。これは政党の場合にもあてはまるわけです。特定の党派とか、特定の平和団体が、自分たちだけでやっていくのだということではなくて、ほんとうに全体の運動のなかに自分たちもとけこむのだということがたいせつなのではないでしょうか。[17]

また、占領軍により教職追放にあった経験をもつ元東大教授という、安井自身の経歴もそこには作用していた。安井が表に立つことで、自治体だけでなく、各界の著名人、さらには左翼のオルグによっては決して運動に連なることがなったような保守陣営に属する政治家などを取り込むことができた。一九五六年二月には衆参両院で原水爆実験の禁止を要望する決議がなされるに至るが、原水禁運動の初期に安井がうち立てた方針なくしては、運動がこのように政治を動かすことはなかったであろう。

女性の参加もまた、署名拡大の重要な要因であった。署名運動が全国的に広がっていく過程で杉並の名前が特に強調されるようになったのは、女性がその主な担い手であったからであろう。原水爆への反対もさることながら、「死の灰」による健康被害とそれによる次世代への悪影響を不安視する心情、食物汚染への危機感が婦人運動の高まりと接合することで、運動は「女性化」し、拡大していったのである。人々が関心をもったのは、「死の灰」が日本にまで飛来しているのか、人体に有害なのかどうかということであって、それゆえに、運動の射程が広島・長崎への原爆投下の責任追及に及ぶことはなかったとみることも可能であろう。[18] 逆にいえば、「杉並アピール」が広島・長崎への原爆被害の問題を含まず、「死の灰」の汚染による健康被害の問題を基盤にしたからこそ、運動は急速に広まったのかもしれなかった。

一九五四年は、有毒なカビの生えた黄変米が配給米に混入していることが発覚し、社会問題になった年でもあった。[19] 家庭を持つ女性たちが家族の健康のために集団交渉を行い、配給米に黄変米が混入されるのを取りやめさせた。その背景には、一九五〇年代前半に高まっていた婦人運動の蓄積があった。

右記のような要因から全国的に広がった原水爆禁止署名運動を受けて、原水爆禁止世界大会へと向かう具体的な運動が確かに息づきはじめていた。前述のように、署名運動自体は「広島、長崎、ビキニ」を一連の核被害として位置づけてはいたが、原爆症や原爆孤児の問題を取り上げることはなかった。しかし、署名運動の広がりを受け、広島の被爆者団体が、被爆者問題の重要性を訴え始めていた。

加えて、国民大衆の側からも、「治療を受けるには自費だというこれらの人々を、なんとか救うことは出来ないものか」という声が上がるようになっていた[20]。このように、輿論が被爆者に注目し始めたことは、被爆者救護にとって大きな前進となった。広島では一九五三年に「原爆障害者治療対策協議会（原対協）」が結成され、無料の治療を呼びかけていたが、生活のために日雇いの仕事が立て込んでいる被爆者が多く、治療の時間に割く時間がないとして治療を自ら辞退するケースが相次いでいた[21]。また、大田洋子が書いているように、被爆した主婦たちも生活に追われて治療どころではないという者が少なくなかった[22]。このような状況のなかで、署名運動を経て輿論が被爆者に注目し始め、それを受けた被爆者たちも運動に連なっていったのである。

原水爆禁止世界大会の開催

一九五五年一月一六日、原水爆禁止署名運動全国協議会の全国大会が、東京の国鉄労働会館で開かれた。そこで広島市と広島県の代表が、広島市での原水爆禁止世界大会を開催したいという要望を出し、それが満場一致で採択されたことによって、原水爆禁止世界大会日本準備会が発足、原水爆禁止世界大会の開催が決定した[23]。

八月六日から三日間の会期で開催された原水爆禁止世界大会には、四六都道府県と九七の組織の代表など二五七五名が参加し、日本以外の一四カ国の代表五二名も出席した[24]。署名の発端となった第五福竜丸事件の関係者からは、久保山愛吉の妻・すずも参加し「三たび原子爆弾の被害をうけた日本に原子兵器がはこばれるとは、広島、長崎の人たち、それから私の夫をこんなにバカにしたことがあるでしょうか」と訴えた[25]。さらには「原爆ゆるすまじ」の合唱なども行われた[26]。原爆被害の実態と原水爆の恐怖を世界に広めたという点のみならず、戦後一〇年にわたってほとんど聞き入れられることのなかった被爆者の声に焦点があてられたという点で、極めて重要な大会であった。

この原水爆禁止世界大会は署名運動の報告大会という意味合いが強く、当初から継続が決まっていたわけではなかったため、「第一回」という回数もつけられていなかった。この大会の中で被爆者救援運動を進めることが確認され、原水爆禁止運動を更に進めるためにも、継続して大会を開催することが決まったのである。

第一回大会に参加した各地の代表者たちは、大会以後それぞれの地域に被爆者を招き、体験談を聞く会を開催していくことになる。一九五六年にかけて、大阪、姫路、愛媛、熊本、萩、神奈川、茨城、東京、富山、石川、長野、岩手などでこの種の集会が開かれた。[27] 後に被爆者の証言を聞くという形式の集会は定着していくが、その起こりは原水禁運動にあったのである。

さらに大会を経て、原水爆禁止署名運動全国協議会と原水爆禁止世界大会日本準備会が統合し、原水爆禁止日本協議会（原水協）が設立され、広島でもこれに対応して広島原水協が発足した。広島原水協は各地に被爆者を派遣し、被爆者の体験談を聞く集会を推進してゆく。

そして、翌一九五六年、長崎で開催された第二回原水爆禁止世界大会二日目の八月一〇日には、日本原水爆被害者団体協議会（被団協）が結成された。初の全国的な被爆者の組織が目指したのは、被爆者救護の問題であった。被団協は原水協から生まれた組織であったため、当然原水協も、被爆者への国家的救護措置を求める訴えに連なった。同年九月には早くも「被害者救護法案要綱」を作成し、国会要請を行い、これを受けた自民党・社会党は、一二月には「原爆障害者の治療に関する決議案」を採択。そして一九五七年四月、「原子爆弾被爆者の医療等に関する法律」が施行された。被団協の成立から一年も経たないうちの施行であった。

科学者の憂いと核実験の拒否

原水禁署名運動の起こりから原水爆禁止世界大会へと至る運動の盛り上がりのなかで、科学者たちは重要な役割をはたした。さらに、人文系の知識人たちもまた、危機を言説によって編成することで、運動の拡大に寄与していった。

第五福竜丸の船員の被爆報道にいちはやく反応したのは、大阪市立大学の西脇安であった。西脇は一七日に焼津に向かい、灰を持ち帰って分析を始めた(28)。同時に東京大学理学部の木村健二郎、京都大学の清水栄らのグループも焼津での調査を初めていた(29)。分析によって検出された放射性物質ウラン二三七から、木村と清水はビキニの核実験で使用された核爆弾の性質を突き止めた。第五福竜丸が遭遇したのは、初めての重水素化リチウム型水爆の実験だったことがわかったのである。それは起爆用原爆中での核分裂（Fission）、重水素化リチウムの中での核融合（Fusion）、さらにリチウムの周囲に配された天然ウランの核分裂（Fission）、これらの三つの反応エネルギーによる「3Ｆ爆弾」であった(30)。これはアメリカの機密であって、水爆の構造を突き止めるにいたる重要証拠を解析したのは、日本の科学者の功績であったとされる(31)。

続く科学者たちの行動として注目すべきは、国会での証言活動であろう。一九五四年三月三〇日には、当時東京教育大の理学部教授をつとめていた朝永振一郎、立教大学理学部教授の武谷三男、東京大学医学部教授の中泉正徳の三名が参考人として参議院文部・厚生・外務・水産連合委員会に出席した。朝永は原子爆弾と水素爆弾の原理について、武谷は「死の灰」に含まれる放射性物質について説明した。また、中泉は第五福竜丸の船員たちの病状を伝えるとともに、「平和利用」推進には保健衛生面での準備が必要だとして、以下のように述べた。

日本で今後原子力の研究が始まり、盛んに実験が行われるような暁になれば、やはり何か椿事が起こって、そうして職員が、或いはその周囲の第三者まで、不慮の障害をこうむることが起こらないとは限らないと思います。（中略）で、やはり原子力の平和的応用ということを始める以上は、やはりその原子力に対するこういった方面の準備も、少なくとも並行的に、若しくは進んで先に手を付けなければならないと、まあ少し我田引水のようでありますけれども、今度誠に寝耳に水で、泥縄的になってしまいまして、余りご期待に副い得ないのじゃないかという心配が非常にありますので、この席で私のお願いのようなことを申し上げます。(32)

四月二八日には、放射性降下物の測定を進めていた西脇安が衆議院文部委員会でマグロの処置について、厳格な許容限度を設定すべきと力説した。(33)

このような議論を経て、日本政府は科学者たちを集めた調査船、俊鶻丸《しゅんこつまる》による調査を開始することになる。調査団員には、物理学者のほか、食品衛生学、水産学、地球化学の専門家がいた[34]。五月一五日から七月四日まで、五一日間に及ぶ調査の結果は、水爆実験による放射線の被害範囲が予想をはるかに上回る規模であることを示していた[35]。これまでもっぱらその威力についで知られてきた水爆の問題に新たな局面が到来したといえるだろう。

日本政府による俊鶻丸の調査データにも関わらず、アメリカ政府の見解は、放射性降下物に含まれる放射線量は「許容量」の範囲内であるために人体への影響はない、というものであった。また、日本政府も一二月にはマグロの廃棄処分を終了した。放射能が多いのは内臓であり食用の部分は安全だというのがその理由であった。なお、一九五五年一月にアメリカが法的責任とは無関係なものとして見舞金二〇〇万ドルを支払うことを決め、これを日本政府が受け入れたことによって第五福竜丸事件は政治的には終結した[36]。

事件がこのように推移していくなか、科学者たちの一連の動きの背景には、国民大衆からの熱い期待があった。それは、新聞の投書欄に次のような声が掲載されていたことからもうかがい知ることができる。

日本の科学者は原子力を兵器に利用する研究は一切行わないことを決議したそうである。広島、長崎の惨害を身をもって経験した日本の科学者としては当然のことである。私はそこで日本の科学者たちにお願いする。日本の科学者が一団となって、アメリカとソ連の科学者にたいして原爆や水爆への協力を断固拒否することを勧告していただきたい。（中略）科学者こそ人類を滅亡させるか、させないかのカギをにぎっている唯一の存在なのだ。[37]

では、この時期に注目されていた科学者たちは、第五福竜丸事件に対してどのような反応を見せたのだろうか。朝永振一郎は科学雑誌に寄せたエッセイで以下のように記した。

原子力の悪用の害悪は余りにも大きい。その発見は人類の進歩のため喜ぶべきだと、何とかして考えたい。しかし、アナロジーを持って来るのは非科学的かも知れないが、動物の進化の法則も必ずしも合目的ではないようだ。巨大な大昔の爬虫類や、マンモスのグロテスクに曲った牙が良い例だ。自然界では、場合によっては滅びることを目的としているように見えるものがある。[38]

進歩の無謬性に対する疑義が、穏やかな調子ではあるが確かに呈されていた。湯川秀樹もまた同様の認識を示していた。湯川は第五福竜丸事件を受けて一九五四年三月三〇日の『毎日新聞』に「原子力と人類の転機」と題した文章を寄せている。

原子力の猛獣はもはや飼主の手でも完全に制御できない狂暴性を発揮しはじめたのである。（中略）原子力と人類の関係は新しい、そしてより一層危険な段階に入ったといわざるをえないのである。今回の日本人の被害が、人類の一員としての被害であるという当然の認識が、前回の場合より切実感を伴って、より急速に世界に広まりつつあるのは、不幸中の幸である。

原子力の問題が少くとも今日相当期間にわたって、人類の解決すべき最大の問題であることは、もはや疑いを容れる余地のないほど明確になってきた。[39]

また、湯川は『婦人公論』一九五四年六月号においても「原子力のように恐るべき破壊力を持ったものが、人間生活の中に入ってくることは結局、人間の生活を今までより一層不安定なものとし、人間の心の平安を永遠に奪い去ってしまうことになるのではなかろうか」と述べていた。[40]

ただし、核エネルギーは善用できるし、それ伴う危険さえも何とか制御できるはずだという望みが、完全に放棄されたわけではなかった。湯川は続けてこのように書いてもいる。

原子力は確かに恐るべき威力を持っている。しかしそれは天然現象ではない。人間の獲得した科学知識に基づいて、人間のつくりだした仕掛けによってしか、原子力はその威力を発現しないのである。天然現象ならば、人間の力ではどうにでもできない場合もある。しかし原子力は人間の頭脳の中から生まれてきたものである。人間の力で原子力の狂暴性の発現を抑え、更に進んでそれを人間のための力として利用することができないはずはないのである。（中略）

もちろん、原子力が平和的にだけ利用されたからといって、危険が全然なくなるわけではない。原子動力の工場では多量の放射性物質が同時に作り出されるのを避けることができない。それが人間に被害を及ばさないようにするためには、周到な注意が必要である。それればかりではない。放射性物質がいろいろな形で、今までよりももっと広く人間社会に利用されるようになるに違いない。それに伴って起り得る災害をなくすためにも、細心の注意が必要であろう。しかし、原子力に対する単なる恐怖心によってではなく、一般社会の人々が原子力や放射性物質に対する一通りの常識を持つことによって、この種の災害は避け得るはずである。[41]

「平和利用」にともなう災害の可能性に言及しつつも、それは「一般社会の人々が原子力や放射性物質に対する一通りの常識を持つこと」で乗り越えることが出来るだろうと語られていた。

このように、湯川の認識は、この時期の日本社会が有していた進歩や成長への信頼を揺るがすことはなかった。少なくともこの時点では、進歩への信頼の中に確かに懐疑が芽生えたが、それはとても小さな懐疑であって、社会がその懐疑を共有することはなかったと考えられる。信頼と懐疑が拮抗し、後者が前者を上回るようになるのは、一九六〇年代末に、公害の問題がナショナル・イシューになるのを待たねばならなかった。

ここまで科学者の反応を確認してきた。俊鶻丸による調査や国会での証言などに関わった科学者たちは、「死の灰」に関してのオピニオンリーダーとしての役割を担っていたと言える。その彼らが、科学の精華としての核エネルギーを疑いはじめていたことは重要であろう。では、人文系の知識人たちは、いかなる反応をみせていたのだろうか。

人文系知識人の反応

弁護士による反応として見逃せないのが、「原爆裁判」である。東京裁判に弁護人として参加した経験もある弁護士の岡本尚一は、占領終結直後から「原爆裁判」の構想を練っていた。原爆を投下したアメリカ政府と、原爆投下当時の大統領トルーマンを被告とし、被爆者を原告とする訴訟を、戦勝国であるアメリカの裁判所で行おうという構想であった[42]。岡本はその構想を一九五三年から周囲の弁護士たちに伝えていたが、まじめに取り合うものは少なかった。しかし、第五福竜丸事件によって、原爆訴訟を求める声が高まり、岡本は訴状を大阪と東京の地方裁判所に提出するのである。この裁判は、最終的に一九六三年に、原爆投下の国際法違反を認めるものの、アメリカへの損害賠償請求権を否定する判決が下された[43]。いずれにせよ、第五福竜丸事件を機に、アメリカの原爆投下責任を問う訴訟がなされるに至ったのである。

また、文学者の反応としては、日本で最初の「原爆文学」のアンソロジー、小田切秀雄編『原子力と文学』(講談社、一九五五年八月五日)の刊行が注目に値する。冒頭に「人類はかつてぶつかったことのない困難な問題の前に立たされ、しかもこの人類史的な問題のリアリティは、マグロやカツオや米や野菜や牛乳や放射能雨や冷害等々の問題としてなまなましく国民生活の日常に結びついている」とあるように、回顧的視点に立つ「原爆文学」のアンソロジーは、第五福竜丸事件を意識することによって刊行に至ったものである[44]。

ここで小田切が行った問題提起は、「原爆文学」は被爆体験を持つ作家のみが書くものではなく、文学者ならば誰もが取り組むべき主題であり、問題は「原子力問題と文学との関係を「原爆文学」ふうの努力をふくめつつ一層高度なものにしてゆく必要と可能があるかどうか」というものであった[45]。そこには、被爆体験を写実的に描く従来の「原爆文学」では、第五福竜丸事件によって明らかになったような核兵器の巨大化の問題が十分に自覚できないのではないかという小田切の認識があった。

さらに作家の山代巴は、被爆者の生活実態の問題を世間に周知させる契機として第五福竜丸事件を捉え、「原爆の惨禍が広く知られることを喜んだ[46]」と述べていた。その一方、大田洋子は短編小説のなかで「水爆実験があって、東京に死の灰と云われるものがふって来た。(ざまを見ろ）と私は思った。死の灰にまみれて、ぞくぞくと死んで見るとよい。そうすれば人間の魂は現代の不安にたいして、どうならなければならぬか、いくらか納得でき、心はゆさぶられるかもしれぬ」と表現した[47]。第五福竜丸事件が起こってようやく核兵器の問題に関心を持ち始めたかにみえる世相への苛立ちが、そこには込められていた。

社会学者の清水幾太郎は以下のように述べていた。

第三に、ビキニの事件は、ナシクズシのヒロシマを意味する。（中略）昭和二十年七月十六日にニュー・メキシコで実験が行われて以来、約五十回、地球上の各所で、放射能を含む物質が風に飛ばされ、水に流されて来た。そして、危険な魚や家畜や野菜が、今日まで、目の届かぬところで、消費されて来ている。ガイガー・カウンターを持ち出す前に、人間は危険な食品を食い、危険な空気を吸って来ている。破滅の自然的過程は、三月一日の遙か以前に開始されて、人類は日一日とこの過程に深く巻き込まれている。今日は昨日よりも深く、明日は今日より深く。私たちは、米ソの双方が原子爆弾や水素爆弾を投げ合って、全世界が巨大な火の塊と化して行く有様を心に描いては恐怖して来たのだが、そんな壮大な風景が現れる以前に、人類は、地球上の至るところで、少しずつ、ナシクズシに破滅して行くのである[48]。

第五福竜丸事件から一九四五年の人類初の核実験にまでさかのぼって放射性物質の散布に警鐘を鳴らす言説は、従来言われてきた核戦争による破滅ではなく、核実験によって刻一刻と進行していく「ナシクズシ」の破滅へと、人々の関心を転換させようとするものであった。この文章のなかで清水が印象付けようとして強調している言葉が「ナシクズシのヒロシマ」である。ここでは、「ヒロシマ」が平和の意味でなく、破滅の別名として使用されている。

第五福竜丸事件に対する科学者の反応と比べたとき、人文系知識人たちの反応には明らかに異なる点を見出すことが出来る。それは、「原爆裁判」の例や小田切による「原爆文学」の編み直し、さらには山代や大田の言葉が示すように、一九四五年八月の被爆の問題に立ち返る傾向である。これは、湯川が原水爆実験による放射線汚染の問題を、これから人類が解決していかねばならない課題として捉えたのとは対照的であった。第五福竜丸事件に際して、広島・長崎の原爆被害を強く想起したからこそ、例えば清水幾太郎の認識が示すように、科学者の認識よりもいっそう深刻なかたちで、放射線汚染の問題に対する懸念が表明されたのだと考えられる。

黒澤明『生きものの記録』への否定的評価

一九五五年、先に挙げた清水幾太郎の言葉にあった終末的な認識をなぞったかのような映画が公開された。黒澤明監督の『生きものの記録』である。黒澤映画の代表作と目されることも多い『生きる』（一九五二年）、『七人の侍』（一九五四年）に続く映画であった。

映画の主人公で鋳物工場の経営者をしている「中島喜一」という男は、原水爆の恐怖、特に核戦争による破滅から逃れようとして、家族や愛人、愛人の子どもたちを連れてブラジルへの移住を計画する。しかし、原水爆の恐怖を共有できない家族たちは、主人公の計画に同意しないばかりか、彼を「準禁治産者」とするために訴訟を起こそうとする。家族たちが恐怖を共有できないのは、工場や財産に執着しているからだと思い込んだ主人公は、とうとう自らが経営する工場に火を放ってしまう。核兵器を恐れるあまり狂気に近づいていく主人公と、彼を「狂人」扱いする周囲の者たち。そのどちらが「正常」なのかを問いかける、鋭い問題提起を含んだ映画であった。

監督の黒澤は製作の意図を、「僕自身の中にも、主人公中島喜一がもっているような気持ちは、多少あるわけですね。それと同時に、中に出てくる山崎隆雄とか、息子たちのような気持もあるわけです。なにか、正直に生きものとして叫びをあげられないで、ごまかしたり、自ちょう《ママ》的になってごまかしている点、そういう点を僕としては、ひっぱたく形で描いてみた」と語っていた[49]。

テーマ的には極めて時宜を得たものであり、作り手の問題意識も明確であったにも関わらず、『生きものの記録』はその当時の批評家たちに受け入れられなかった。批評家たちはこの映画に何を読み込んだのだろうか。以下、やや長くなるが当時の映画評を引用した上で、それらの内容を検討したい。

喜一の生活には、死の灰はまるではいりこんではいなかった。また彼の家族は死の灰に対して無感覚であった。喜一は喜一だけにしか判らない観念と格闘し、それからの遁走を企てた。火から逃れる動物のように。その喜一をみてかんじたのは、ある種の小市民の不幸なエゴイズムであり、人間への不信である。[50]

映画「生きものの記録」は、この原水爆に対する恐怖を、特殊な狂人の個人的な心理に限定するような印象を、観客に与える恐れがある。（中略）作者の原水爆へ対する恐怖感は理解できるが、もう少し日本における原水爆禁止運動の現状と性格を知ってもらった上で、この力作と野心作はつくられるべきであった。[51]

図9 『生きものの記録』ポスター

単なる「生きもの」としては理屈抜きに正

当な喜一の行動が、結局、狂気へ向っての袋小路的あがきに終らざるを得なかったのは、肉身のエゴイズムのみの故でもなく、いわんや彼のパースナリティーの特殊性の故でもないのに、見終っての後味はそれに近い。彼と私たちの「行動」とを継ぐべき、多くの凡人の反対運動からの彼の孤立（描写における抽象）が「生きもの」であるに加えて「人間」であることの強みを（弱みのかわりに）描きえなかったところに、一番の欠陥があるのではあるまいか。[52]

私はべつに政治問題を表に出したほうがよかったなどと考えているのではないが、この作品はあまりにも非政治的でありすぎるような気がしてならないのだ。非政治的でありすぎたために、現代の通俗人生観である方舟思想が、どこからかしら滲みこんできてしまったのだと思う。ガラス越しに御馳走を見たようで、まことに残念でならない。[53]

このように『生きものの記録』の低評価の要因は、現実の「死の灰」の問題を描こうとしない「非政治性」にあった。確かに当時起こっていた原水禁運動や、その背景に存在する冷戦下の核開発競争についての言及は、『生きものの記録』においてほとんど顔を出さない。おそらく黒澤は、そのような直接的な「政治性」を避け、本能的な原水爆の恐怖を主人公に体現させたのであろうが、そのことがかえって、原水爆の恐怖という問題を個人的な枠組みに狭めているという批判を招いたのである。これは、原水爆の恐怖という問題が、当時いかに政治的なものとして捉えられていたか、政治的なものとして捉えるべきだと思われていたかを逆説的に示していよう。

亀井文夫『生きていてよかった』と『世界は恐怖する』

記録映画『生きていてよかった』は、原水爆禁止世界大会にむけた被爆者救援運動の一環として、発足したばかりの原水爆禁止日本協議会によって企画され、その打診を監督の亀井文夫が受諾したことで制作された[54]。亀井文夫は一九〇八年生まれの映画監督であり、ソヴィエトに留学中にドキュメンタリー映画に触れ、東宝に入社し、戦中に映画監督として出発していた。戦後は東宝争議で東宝を去った後、独立プロダクションを設立し、社会問題をテーマにしたドキュメンタリー映画の製作を目指していた[55]。

一九五六年に完成した『生きていてよかった』は、「死ぬことは苦しい」、「生きることも苦しい」、「でも生きていてよかった」の三部構成からなる。原爆投下直後の惨状ではなく、一九五五年を生きる被爆者の現状に焦点を当てたドキュメンタリー映画はそれまでなかったこともあり、『生きていてよかった』は製作段階から大きな注目を集めていた[56]。当初は一六ミリ版で巡回上映されていたが、反響が大きかったため劇場上映もなされるようになった。この映画によって、「生きていてよかった」という言葉は、被爆者の生活実態を語る際に用いられる常套句となったのである。[57]

この言葉は、うたごえ運動にも取り上げられ、阿部静子作詞、村中好穂作曲で「悲しみに苦しみに」という題の歌唱曲が制作された。「悲しみに苦しみに／笑いを遠く忘れた／被災者の上に／午前十時の陽射しのような／暖かい手を／生きていてよかったと／思いつづけられるように」というこの歌は、第二回原水禁大会にむかう運動のなかでしばし歌われたという。[58]

映画『生きていてよかった』は、先にみた黒澤の『生きものの記録』とは対照的に、高い評価を獲得することができた。

忍耐をもって人間の感情の推移を凝視し、端的に現れた瞬間を捉えた描写が異常な迫力を産み出している。怒号も叫喚も聞かれない、むしろ冷静すぎるほどの抑制は、かえって悲劇の深刻な本質を語るのに効果があった。（中略）

百万言の説教よりこの映画は全世界の人々の蒙をひらく力を立派に備えている。戦後全く久しぶりにこの秀れた記録映画をつくった亀井文夫の健在に、私は泣いて感動したことを告白して、賛辞に代える。[59]

被爆者の生活実態を「冷静」に「抑制」した方法で演出した手法が高く評価されたことがわ

かる。ここには、当時の知識人たちの共通理解が作用していた。当時は、リアリズム＝科学的＝近代的という理解が共有されていた。被爆の事実を客観的に記録する試みが高く評価される傾向は、第六章で確認する大田洋子の作品に対する評価に端的にみられるように、当時の知識人たちの間に根強く存在した。言い換えれば、『生きものの記録』のような個人的な狂気や、後にみる『世界は恐怖する』における恐怖は、知識人たちによって、前近代的なものとして退けられる傾向にあった。この映画の高評価の背景には、このような要素があったと考えられる。

　亀井が次に取り掛かったのは、「死の灰」の問題だった。従来は外国映画の配給社であった三映社から「今日的なテーマ」の記録映画の製作依頼を受けた亀井は、『生きていてよかった』制作中から問題視していた「死の灰」を取上げることに決めたのである[60]。

図10　『世界は恐怖する』上映広告

　一九五七年に完成した『世界は恐怖する』は、大気や食品、大地が「死の灰」に汚染されている現実を映したドキュメンタリー映画である。第五福竜丸事件の発端となったビキニ環礁でのアメリカの核実験だけでなく、イギリスによるクリスマス島での水爆実験への批判の意味も込められていた。映画完成後に、監督の亀井は、原水爆禁止日本協議会の理事長安井郁とともに、この映画を米英ソの首相に贈ることを決め、一九五七年一一月九日にはソ連大使館を訪れ、映画のプリントを手渡している。[61]

当時の映画評をみると、この映画もまた、「政治」という評価軸でもって語られていたことがわかる。

率直にいってボク自身ガックリした気持で席をたたざるをえなかった。何か一刻も早く注ぎ込まれたものをハキだしてしまいたい衝動を感じたといってよいかも知れない。(中略)原水爆実験が、世界中に広がる反対の声にもかかわらずどしどし強行されている政治的現実に対して、「恐怖」を更に感銘した大衆が、有効な政治的行動として何をなしうるのであろうか。なんらかのカタチで、そういう可能性の方向が提示されない限り、定着する方向は一種の諦観以外にはないのではないか。恐怖を相殺するために、さらにセツナ的な快楽の追及や、独善的な現世主義を肯定することによって、ますます政治的なアパシーの方へ、大衆心理が傾斜してゆく可能性も大いにあるように思えてならない。「役に立つあらゆる行動を」ということ、それが実はわからなくなっているのではないだろうか。「あらゆる」ということは、同時に「何もしない」ことに通じる可能性もないとはいえな

いからである。(62)

「有効な政治的行動として何をなしうる」が指し示されず、ただ恐怖に訴えかけるだけでは、諦観を招くだけである、という批判である。原水爆の問題に対する政治的有効性の有無で映画作品が評価されたことは、やはり当時の原水爆の問題がもっぱら政治的なものとして捉えられる傾向にあったことを示唆している。そもそも原水禁運動が全国的に広まった要因には、安井郁が定めた政治色の薄い運動方針があったわけだが、全国的に広まっていく運動に注目した知識人たちは、運動を政治運動として位置付けていったのである。

『世界が恐怖する』が訴えた問題のなかでも、最もショッキングだったのは、畸形児の問題であろう。この映画は、放射線による生命体の変異、畸形の問題を取り上げていた。広島・長崎への原爆投下や核実験による放射性降下物と、身体変異との関係性を明示しているわけではなかったが、金魚の受精卵に放射線を照射する実験のシーンでは、「受精した卵に当てるのですから、ちょうど広島の原爆当時、母親の胎内にあった胎児が、放射線を受けたのと似ています」というナレーションが入り、カウントダウンの後に画面がきのこ雲と丸木夫妻の「原爆の図」を映すという演出が施されていた。そして、孵化した金魚が二つの頭を持っていることが判明するシーンには、畸形児の写真が重ねられていた。この映画は観客に被爆と畸形の関係を印象付ける要素を有していたと言えるだろう。「死の灰」が次世代に遺伝的悪影響を及ぼす可能性を示唆することによって、『世界は恐怖する』は、国民大衆の原水爆への拒否感を一層高める役割を果したと考えられる。

ところで、『世界は恐怖する』の上映広告からは、当時の国民大衆の被ばくに関する認識の一端を伺うことができる。一九五七年一一月八日の『読売新聞』に掲載されたこの映画の上映広告には、「二つ目の人間も出現！　広島長崎の秘密　忍び寄る怪物〝死の灰〟」「前代未聞！凄いショック」という、ホラー映画さながらの煽り文句が記されていたのである。この上映広告は、被爆者差別につながる恐れがあり、原爆症についての正確な知識の習得を疎外する可能性もあるが、そのような批判を当時の言説から見つけ出すことはできなかった。『世界は恐怖する』の内容とその広報のあり方は、原水爆への恐怖感を定着させるとともに、その恐怖さえも「見せ物」的に愉しもうとする心性を助長した可能性がないとは言いきれない。

本章で確認したように、原水禁署名運動の広がりとともに、広島・長崎では、被爆者救護法の制定を求める声が起こり、原水禁運動は被爆者救護の問題を取り入れながらより大きく盛り上がっていった。このような一連の出来事と並行して、原子力「平和利用」キャンペーンが全国的に展開されていた。このキャンペーンがどのようなものであり、そこで「原子力の夢」がいかに言説的に構築されたのだろうか。それが次章のテーマとなる。

註

(1) 第五福竜丸事件そのものについて総合的見地からまとめたものには、三宅泰雄、檜山義夫、草野信男監修『ビキニ水爆被災資料集』(東京大学出版会、一九七六年)がある。また、第五福竜丸事件から原水爆禁止署名運動、原水爆禁止世界大会の開催へと至る平和運動に関する先行研究は、藤原修『原水爆禁止運動の成立　戦後日本平和運動の原像』(明治学院国際平和研究所、一九九一年)、道場親信『占領と平和　〈戦後〉という経験』(青土社、二〇〇五年)、丸浜江里子『原水禁署名運動の誕生』(凱風社、二〇一一年)などが挙げられる。

藤原修による先駆的研究のなかでも、特に興味深いのは、原水禁運動の全国的広まりとそれに触発された広島の被爆者運動の展開とを別種の運動として捉えている点である。一九五五年の第一回原水爆禁止世界大会へと向かう過程で、広島の被爆者運動が、被爆者問題を重要視しない「中央」の運動に警戒と不信を抱きつつ、それでも輿論の高まりに乗じようという戦略をとっていったことを明らかにしている。このように、原水禁運動を、その内部における「中央」と「地方」の折衝という観点から分析した功績は大きい。

道場親信の研究は、原水爆禁止署名運動の経過を整理するとともに、従来の「平和運動」との相違点と、その相違点が生まれた原因などにまで論が及んでおり、近年の平和運動論の決定版とでもいえるものである。一方、丸浜の研究は、聞き取り調査を取り入れながら、杉並の主婦たちによる運動の実相に迫っている。

(2) 『写真でたどる　第五福竜丸』財団法人第五福竜丸平和協会、二〇〇四年、二〇頁。久保山愛吉と娘とのやりとりは、都立第五福竜丸展示館で聴くことができる。なお、久保山愛吉は一九五四年九月二三日に、「急性の放射線障害とそれに続発した激症型肝炎による多臓器不全」により死亡した。

(3) 中国新聞社編『ヒロシマ四十年　森滝日記の証言』平凡社、一九八五年、四三頁。

(4) 「原・水爆をどう思う？　本社世論調査」『朝日新聞』夕刊、一九五四年五月二〇日。

(5) 広島県編『原爆三十年』広島県、一九七六年、二九二―二九三頁。
(6) 帯刀貞代『戦後婦人運動史』大月書店、一九六〇年、七一頁。
(7) 安井郁『民衆と平和』大月書店、一九五五年、二〇―二一頁。
(8) 丸浜江里子『原水禁署名運動の誕生』凱風社、二〇一一年、三〇〇―三〇五頁。
(9) 丸浜、前掲書、一五七―一六〇頁。
(10)「道」刊行委員会編『道　安井郁　生の軌跡』法政大学出版局、一九八三年、一六九頁。
(11) 三度目の核被害という位置づけは、一九五四年三月一七日の『朝日新聞』が「ビキニの灰　三度味わった原爆の恐怖」という記事のなかで行っている。
(12) 広島県編、前掲書、二九六頁。原水協「原水爆禁止署名運動について」『世界』一九五四年九月号。
(13) 安井、前掲書、五八―五九頁。
(14) 広島県編、前掲書、三〇〇頁。
(15) 安井郁の方針に関しては、道場親信が「安井はこの運動を超党派的、人道的運動と位置づけ、従来の左翼主導の「平和運動」と呼ばれる動きとは一線を画そうとした」と指摘している（道場、前掲書、三四六頁）。この点は、前掲の藤原修『原水爆禁止運動の成立』も同様の見解を示している。なお、道場は、本章が「運動の簡潔性」として挙げた第一点目の要素について、すでに「シングル・イシューの「超党派」」として指摘しており、傾聴すべき点が多い。あえて本章と道場の研究との相違点を打ち出すならば、それは第三点目に挙げる食生活への不安と運動の女性化という点にあるだろう。運動の女性化という点については、原爆文学研究会（二〇一一年九月、於・京都大学文学部）における奈良教育大の中谷いずみ氏による口頭発表から示唆を得た。
(16) 池山重朗「原水禁運動に問われているもの　その歴史と実態」『現代の理論』一九七七年冬号、一七七頁。

(17) 安井、前掲書、七七―七八頁。

(18) 広島県編、前掲書、二九九頁。

(19) 「黄変米　毒を食わされる国民」『読売新聞』一九五四年七月二九日。

(20) 「原爆症者の無料検診治療を」『朝日新聞』一九五五年七月三〇日。

(21) 藤原、前掲書、四〇頁。

(22) 大田洋子「ピカドンはごめんだ」『婦人朝日』一九五四年五月号。引用は『日本の原爆文学2　大田洋子』ほるぷ出版、一九八三年、三〇〇頁。

(23) 広島市役所編『新修広島市史1』広島市役所、一九六一年、七三〇頁。

(24) 同右。

(25) 小林徹編『原水爆禁止運動資料集2　一九五五年』緑蔭書房、一九九五年、二六一頁。

(26) 同右、二三七頁。

(27) 広島市役所編、前掲書、七三二頁。

(28) 山崎正勝『日本の核開発：1939〜1955　原爆から原子力へ』績文堂、二〇一一年、一六二頁。

(29) 武谷三男編『死の灰』岩波書店、一九五四年、五頁。

(30) 『写真でたどる　第五福竜丸』財団法人第五福竜丸平和協会、二〇〇四年。

(31) 小沼通二「水爆構造の秘密解明」『パリティ』二〇〇二年二月号。

(32) 「第十九回国会　厚生・外務・文部・水産連合員会会議録第一号　昭和二十九年三月三十日【参議院】」、七頁。

(33) 「第十九回国会　衆議院文部委員会議事録第二八号」二三頁。

(34) 「討論会　ビキニ問題をめぐって　俊鶻丸報告を中心に」『自然』一九五四年一二月号。

(35) なお、アメリカは日本時間三月一日の水爆実験以降もビキニ環礁での実験を継続していたため、俊鶻丸の調査結果は一連の核実験による放射線汚染を測定したものであった。これについては、高橋博子『封印されたヒロシマ・ナガサキ』凱風社、二〇〇八年、一六〇―一六一頁を参照。
(36) 高橋、前掲書、一六五頁。
(37)「科学者の勧告」『朝日新聞』一九五四年三月三〇日。
(38) 朝永振一郎「暗い日の感想」『自然』一九五四年八月号、五頁。
(39) 湯川秀樹「原子力と人類の転機」『毎日新聞』一九五四年三月三〇日。
(40) 湯川秀樹「原子力と人類の意思」『婦人公論』一九五四年六月号、五九頁。
(41) 同右、五九―六〇頁。
(42) 中島竜美編『日本原爆論大系2 被爆者の戦後史』日本図書センター、一九九九年、五三―六一頁。
(43) 同右、九八―一〇八頁。
(44) 小田切秀雄「原子力問題と文学」小田切秀雄編『原子力と文学』講談社、一九五五年。引用は、家永三郎、小田切秀雄、黒古一夫『日本の原爆記録16』日本図書センター、一九九一年、四一頁。
(45) 家永、小田切、黒古、前掲書、四四頁。
(46) 藤島宇内、丸山邦男、村上兵衛「ヒロシマ　その後十三年」『中央公論』一九五八年八月。なお、大島香織「被爆一〇年『中国新聞』と「ヒロシマ」」(『日本女子大学史学研究会』第四二号、二〇〇一年)は、同じ山代の言説を原水禁運動の高揚以前の広島における「反原爆」運動として位置付けている。それは確かにその通りだが、本論では広島における「反原爆」運動を担った人間たちのなかにある位相差に注目する。
(47) 大田洋子「半放浪」『新潮』一九五六年二月号、一四四―一四五頁。

(48) 清水幾太郎「われわれはモルモットではない」『中央公論』一九五四年五月号、一一九―一二〇頁。
(49)「原子物理学者がみた『生きものの記録』座談会」『読売新聞』夕刊、一九五五年一一月二三日。
(50) 瓜生忠夫「ゆたかな想像力　黒澤明の観念と現実」『映画芸術』一九五六年九月、二一頁。
(51) 武谷三男「象徴主義の限界」『キネマ旬報』一三三号、一九五五年一二月、四九―五〇頁。
(52) 乾孝「『分裂型』の必然的帰結」『キネマ旬報』一三三号、一九五五年一二月、五二頁。
(53) 安部公房「方舟思想」『キネマ旬報』一三三号、一九五五年一二月、五三頁。
(54) 亀井文夫『たたかう映画　ドキュメンタリストの昭和史』岩波書店、一九八九年、一四六頁。
(55) 亀井文夫の経歴については、同右書を参照。
(56) 例えば、主人公に予定されていた被爆者が死に、台本の大幅な書き替えを余儀なくされたことを伝える記事（『朝日新聞』一九五六年二月一四日）や、撮影開始後に、出演予定だった被爆者が死んだことを伝える記事（『朝日新聞』一九五六年二月一八日）がある。
(57) 小林徹編『原水爆禁止運動資料集3　一九五六年』緑蔭書房、一九九五年、一三五頁。
(58) 広島合唱団編『ひろしま創作曲集』広島合唱団、一九五六年、一頁。
(59) 小倉真美「生きていてよかった」『映画芸術』一九五六年九月号、五三頁。
(60) 亀井、前掲書、一五五頁。
(61)「原水協、米英ソ首相へ映画贈る『世界は恐怖する』」『朝日新聞』一九五七年一一月九日。
(62) 藤原弘達「この感銘をどう行動に高めるか…」『中央公論』一九五七年一二月号、二六一―二六二頁。

第四章　原子力「平和利用」キャンペーンの席捲

第五福竜丸事件から、原水禁署名運動、そして原水爆禁止世界大会へと至る過程と並行して、新聞社が主導する原子力「平和利用」キャンペーンが、全国を席捲していた。(1)

本章では、新聞記事や雑誌、さらには「原子力平和利用博覧会」のパンフレットなどから、マスメディアによる原子力「平和利用」キャンペーンの広報史をたどることで、「原子力の夢」がどのように国民大衆に浸透して行ったのかを分析する。一方、第五福竜丸事件のインパクトと原水禁運動の高まりを受けて、数は少ないながらも原子力発電の推進に対する疑義が呈されていた。「被爆の記憶」が「原子力の夢」について否定的に言及する言説構造の登場を確認するとともに、当時進行していた「平和利用」キャンペーンによって、この疑義が飲み込まれていたことを明らかにする。それによって、「被爆の記憶」と「原子力の夢」とが並列する状況が定着するのである。

また、本章では産業界による核エネルギーの「平和利用」キャンペーンも取り上げる。原子力産業会議が発行していた『原子力新聞』（一九五六年三月二五日号から『原子力産業新聞』と改名）を資料に、産業界の「平和利用」言説を考察していく。興味深いのは、このような産業界の動向を、当時の全国紙はほとんど報じていないという事実である。全国紙のみを分析していては見えてこない、産業界による「平和利用」キャンペーンの実態を明らかにしたい。

日本への原子炉導入論

原子力「平和利用」キャンペーンの分析に入る前に、ここでまず確認しておきたいのは、アメリカで浮上していた日本への原子炉提供論とその反応である。

一九五四年九月二一日、アメリカ原子力委員会のトーマス・E・マレー（Thomas E. Murray）委員が、全米製鉄労組年次大会で「日本こそは最初の原子力発電機の一つをすえつけるのに適した土地である(2)」として、次のように演説した。

広島と長崎の記憶が鮮明である間に、日本のような国に原子力発電所を建設することは、われわれのすべてを両都市に加えた殺傷の記憶から遠ざからせることの出来る劇的で、そしてキリスト教徒的精神にそうものである。(3)

次いで、ジェネラルダイナミックス社社長兼会長のジョン・ジェイ・ホプキンス（John Jay Hopkins）が、一九五四年一二月一日に「原子力マーシャル・プラン」構想を打ち上げ、日本を含むアジア諸国へ原子炉を導入することを提唱していた。(4) このホプキンスの構想は正力松太郎によって迎えられ、ホプキンスは「原子力平和利用使節団」の一員として来日することになる。『読売新聞』は一九五五年一月一日の朝刊一面で「米の原子力平和使節　本社でホプキンス氏招待」と大きく報じた。ここでは「平和利用使節」ではなくて「平和使節」と名指されており、「平和」を印象付けるための言説編成の力学が強く作用していたことがわかる。

さらに、一九五五年一月二七日、アメリカ下院議員のシドニー・イェーツ（Sydney R. Yates）が「広島に原子力発電装置建設のための上下両院合同決議案」を提出した。(5) イェーツの提案は先に挙げたマレーの提案を受けてのものであり、決議案には「広島が世界最初の原爆の洗礼を受けた土地であることにかんがみ、米国は同地を原子力平和利用の中心とするよう助力を与えるべきである」という文言があった。

このように、日本における原子力「平和利用」キャンペーンの開幕期に、アメリカにおいて原子炉提供論が起こっていたことは確かである。これらの原子炉提供論はどれも実現しなかったが、ホプキンスのように、実際に日本の新聞社と連携して一大キャンペーンに発展した例も存在する。原子力「平和利用」キャンペーンを考察するにあたっては、やはりアメリカの思惑も無視できない要素であることは間違いないだろう。(6) しかし、それ以上に興味深いのは、原子炉提供論に込められていた、反米的な「被爆の記憶」を解体したいという意図とは裏腹に、その後の日本においては「被爆の記憶」の編成が原子力「平和利用」へと接続していったということである。

「平和利用」キャンペーンの開始

原子力「平和利用」キャンペーンが行われていた時期は、一人あたりの国民総生産が戦前のそれを上回るようになり、一九五六年の『経済白書』で「もはや戦後ではない」と言われるようになる時期と重なっている。戦後日本の再出発にあたるこの時期に、マスメディアによって掲げられたのが、「原子力の夢」であった。

第一章で考察したように、占領下において科学者によって「原子力の夢」が語られ、それがメディアを通して社会に共有された。「原子力の夢」に関する言説は占領終結後も継続して紡がれ続けたが、一九五四年以降は大手新聞社がその担い手になって大々的なキャンペーンが始まっていく。

日本における原子力「平和利用」キャンペーンの先駆けといえるのが、『読売新聞』に連載された解説記事「ついに太陽をとらえた」（一九五四年一月一日から同年二月九日までの全三一回）である。社会部の記者たちによる連載で、専門的知識については原子核物理学者の中村誠太郎が校閲を担当した。この連載は、放射線の発見、核分裂の発見から、日本への原爆投下、戦後世界における核エネルギー研究の進展を通時的に解説するという趣旨のものであった。その中では、次のように核エネルギーへの期待感が表明されていた。

電力というと停電と値上げ、石炭といえば賃上げスト、石油は血の一滴―これがエネルギーに対する日本の合言葉である。生活水準が向上するかしないかはエネルギーをたくさん使うかどうかにかかっている。(中略)

十キロのウラニウム二三五はたぶん石炭にして三万四千トン。ガスに換算すると、人口三百万人、現在の大阪市と名古屋市を合わせたぐらいの都市の住民が毎日飯をたき、フロをわかし、そして一カ月間は楽々と生活できるだけのエネルギーを持っているのである。たったレンガの半分ぐらいの大きさのものがそれなのである。[7]

連載の最終回では、原子力の「平和利用」に話が及び、「ひょっとすると身辺のナベやカマをちょっとひねりつぶしただけでドッと原子力が出てくるかも知れないという夢のような希望は捨てるべきではない。それを見つけ出した民族が、この人類史をどんでん返しさせるのである。日本人が小国の運命にあきあきしているなら、そういう方式の闘いをいどむべきであろう」と記されていた。[8]

そして、この連載が終わって約一カ月後、第五福竜丸事件が起こった。

第五福竜丸事件と「平和利用」キャンペーン

第五福竜丸事件を契機に高まった原水爆実験への反発は、当時進行していた原子力「平和利用」キャンペーンとどのような関係を結んでいたのか。結論から言うならば、原水爆実験への反対は、原子力「平和利用」キャンペーンと共存していただけでなく、互いが互いの駆動力となっていた。

それを端的に示すのが、『読売新聞』一九五四年三月二一日付夕刊の紙面である。放射性降下物を浴びて変色した皮膚の写真に添えられた記事には「原子力を平和に」というキャプションがつけられ、以下のような記事が掲載されていた。

『オレらあ、モルモットになるのはいやだよ！』

水爆第一号患者の増田三次郎君(二九)は、東大で全身を診察され、頭の毛をかられ、イガグリになった真黒な顔で、目ばかりをギロギロ光らせ、とりかこむ新聞記者を見回して、そう言った。(中略)

もともと原子兵器の実験は、どこの国でやろうと世界への脅威的意味をたぶんに含んで

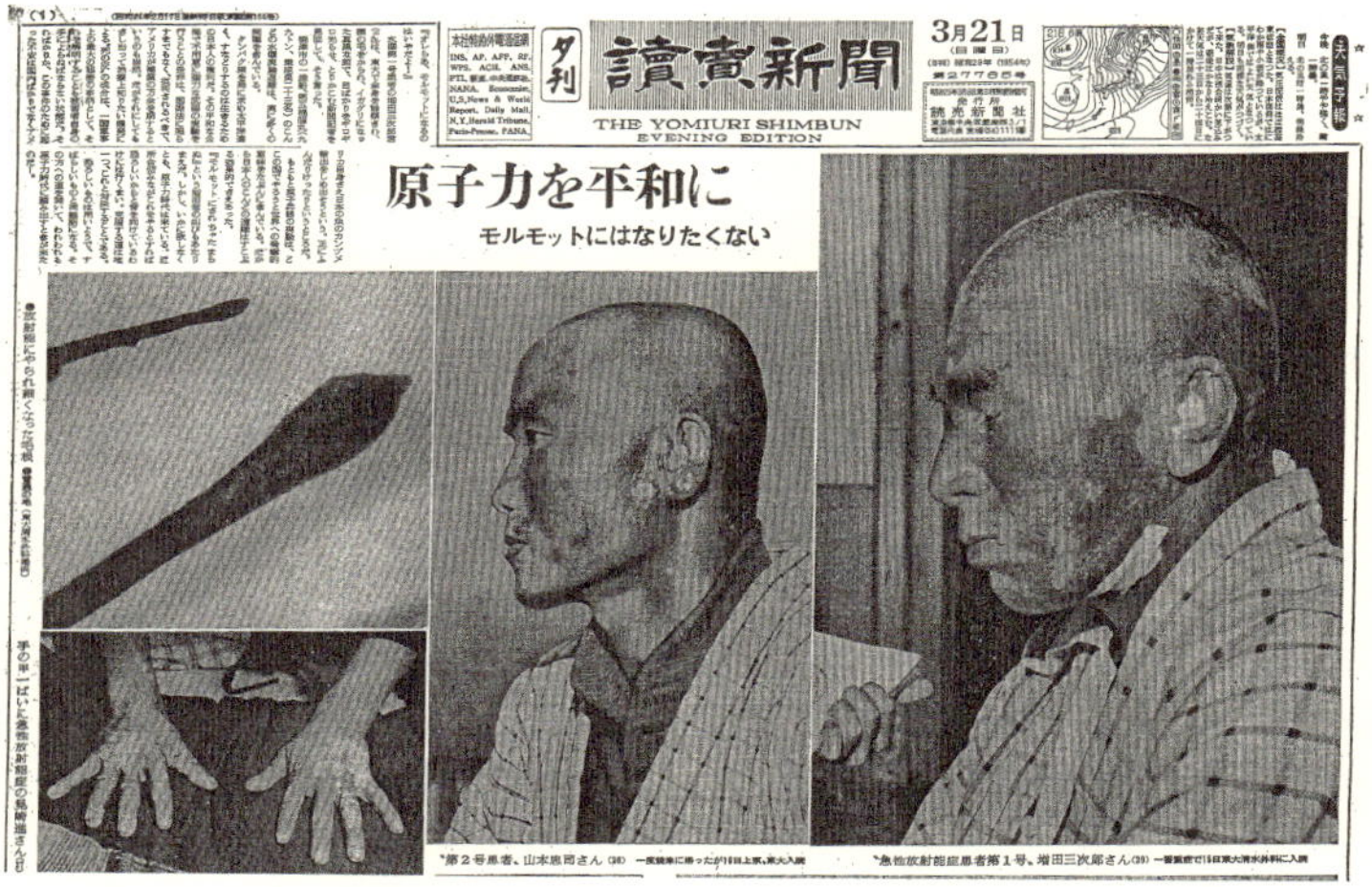
夕刊
讀賣新聞
3月21日
THE YOMIURI SHIMBUN
EVENING EDITION
原子力を平和に
モルモットにはなりたくない

図11　『読売新聞』1954年３月21日夕刊

いる。だから日本人の遭難はすこぶる効果的でさえあった。

『モルモットにされちゃたまらぬ』という増田君の叫びもあたりまえだ。しかし、いかに欲しなくとも、原子力時代は来ている。近所合壁みながこれをやるとすれば恐ろしいからと背を向けているわけには行くまい。克服する道は唯一つ、これと対決することである。

恐ろしいものは用いようで、すばらしいものと同義語になる。その方への道を開いて、われわれも原子力時代に踏み出すときが来たのだ—(9)。

記事の中では「原子兵器の実験」と「対決」することで、「恐ろしいもの」を「すばらしいもの」に転じさせるべきだと語られている。また、第五福竜丸事件に対する地方自治体の反応として、焼津市議会が一九五四年三月二七日に決議した声明があるが、そこでも、「恐怖する市民の意思を代表し、人類幸福のため左のことを要求する。一、原子力を兵器として使用することの禁止。一、原子力の平和利用」というように、「軍事利用」の否定と「平和利用」の肯定は共存していた。[10]

この認識が社会に共有される過程で、知識人たちも同様の認識を表明していた。次の引用は帯刀《たてわき》貞代の文章である。帯刀は一九〇四年生まれの労働婦人運動家であり、様々な婦人団体との関わりの中から、原水爆禁止署名運動にも参加していた。彼女は、第五福竜丸事件と原子マグロの騒ぎに触れて、核実験に憤った後、次のように続けていた。

これほどの威力をもった原子エネルギーが、平和生産に応用された場合、人間は一日二時間の労働でこと足りるようになるだろう、とかつて嵯峨根遼吉博士が本紙に寄せられたアメリカ通信にも予測されていた。

食卓で「マグロ」談義がとりかわされるときには、ぜひともこれらのことをあわせて問題にしていただきたい。[11]

引用文中にある「嵯峨根遼吉博士が本紙に寄せられたアメリカ通信」とは、一九四九年から五〇年にかけて嵯峨根遼吉が『読売新聞』に寄稿した全三回の記事のことである。[12] そのなかで嵯峨根は「「本格的の原子力時代になったら一週間に二十時間たらず働けばよいようになるだろう――」私は日本をたつ前に、ある通俗講演で、こう話したことがある。つまり、原子力時代になると動力や熱量が他の物価に比較して格段にやすくなり、何事も自動装置で行われるようになる見込みだからである」と書いていた[13]。帯刀貞代は権威ある第三者の見解として嵯峨根遼吉を引用しながら、原子力「平和利用」に読者の意識を方向づけようとしていた。

「原子マグロ」を生んだ原水爆実験に対する批判は、「平和利用」への期待感に裏打ちされていなければならない、という言説は、帯刀個人に限ったものではなかった。一九五四年五月、日本学術会議第一七回総会で発表された「原子兵器の廃棄と原子力の有効な国際管理の確立を望む声明」からは、学術会議に参加した科学者の総意として、「軍事利用」の否定が「平和利用」の推進に接続していく論理を見て取ることができる。

この事件は、核兵器の開発の結果について我々に重大な懸念を加えることになった。しかしながら一方では、我々は、原子力エネルギーを平和的に利用するならば、人類の将来に巨大な寄与を及ぼすであろうという事実については、強く認識している。特に日本国民は、我々の生活水準を向上させるための新しい技術とエネルギー源を探しもとめる必要に迫られている。そして我々科学者は、原子力の研究開発に関し、これこそ自らの責任であるということに十分に気づいている[14]。

このように、「軍事利用」に関する厳しい批判の一方で、「平和利用」は疑問に付されることはなかった。

ソ連の原子力発電成功

原水爆禁止署名運動の高まりと共に、「軍事使用」の批判と「平和利用」の称揚が併走するなか、核エネルギーをめぐる新たなニュースが報じられた。ソ連が産業用の原子力発電所を稼働させ、五千キロワットの発電に成功したというニュースである。[15]

一九五四年七月一日付の『朝日新聞』と『読売新聞』はこのニュースを一面で大々的に報じ、東西陣営による核兵器の開発競争に続いて、産業利用が競争の段階に入ったと告げていた。[16]ソ連の原子力発電所がアメリカとイギリスに先立って稼働し始めたというニュースは、日本の左翼陣営を「平和利用」への期待感に合流させたと考えられる。文学者の野間宏は「死の灰」を降らせたアメリカと、「平和利用」を実現したソ連との対比を対比させ、以下のように述べていた。

水爆によるニヒリズムは、この人類を破滅からまもる新しい人類の立場の確立するにつれて、次第にしりぞいて行こうとしている。

このようなとき、世界最初の原子力発電所がソヴエトで完成されたということは、この人類の立場にこの上ない希望と力をあたえたのだ。発電所は六月二十七日はじめて送電を開始し、原子力を平和的に利用する上に画期的な道をひらいたのである。このニュースが新聞紙上にあらわれたとき、涼しい風が生々と肌にふれたような感じが私たちにおとずれた。(17)

「平和利用」への期待感は、当然ながら産業界によっても喧伝されていた。『原子力新聞』一九五五年九月二五日号は、「原子灰」と名付けられた投書欄の開設にあたって、第一回原子力平和利用国際会議から帰国した藤岡由夫の言葉を以下のように紹介している。藤岡は当時日本学術会議原子力問題委員会の委員長を務めていた。「「これからは灰の処理の問題よりも原子力を平和的に利用した如く、如何に灰を平和的に利用するかに世界は力を入れる方向に向かいつつある」と報告した。そうなると近い将来この最大の嫌われものも社会福祉貢献の良薬となるわけだ」(18)。「死の灰」さえも「平和利用」しようという強い意気込みとも解することができるし、あるいはどこまでも楽観的な「原子力の夢」の一つとして理解することもできよう。

さらに、長崎で開催された第二回原水爆禁止世界大会では、「原子力の平和利用の問題」という分科会が開かれ、そこでは「われわれは原子力の平和利用を歓迎し協力するものです。科学者、技術者のみなさんはそのために頑張って下さい。しかし原子力の平和利用のためには、まず何よりも原子兵器を禁止することが最も重大な問題だと思います」という被爆者代表の発言があった。[19] ただし、付け加えておかねばならないのは、分科会の目的は単に「平和利用」の促進を確認するためのものではなかったということである。「平和利用は原水爆禁止と基本的に一致する」とした上で、放射線被害をいかに防ぐかという問題も討議されていた。[20]

また、一九五六年八月一〇日の日本原水爆被害者団体協議会結成大会における宣言でも、「破壊と死滅の方向に行くおそれのある原子力を決定的に人類の幸福と繁栄との方向に向かわせるということこそが私たちの生きる日の限りの唯一の願いであります」と読み上げられた。[21] このように、第五福竜丸事件とそれによる原水爆禁止署名運動は、「原子力の夢」の膨張に歯止めをかけるのではなく、むしろそれに棹さして、高まっていったとみることができる。自らの被爆体験を、被爆から一〇年以上経過した時点において、何とかポジティブなものとして捉え直したいという切実な心情が、原水禁運動の駆動力になっており、それは「原子力の夢」にすがることと全く矛盾しないばかりか、むしろそれを推進するものであったと考えられる。

原子力平和利用博覧会

「平和利用」の推進は単に新聞紙上で謳われただけではなかった。読売新聞社は、展覧会・博覧会形式のキャンペーンを率先して開始していた。展覧会・博覧会形式のキャンペーンの端緒は、一九五四年八月一二日から二二日まで、新宿伊勢丹で開催された「だれにもわかる原子力展」である。[22]ここでは第五福竜丸の舵や、浦上天主堂の石造、溶けた屋根瓦、水爆が新宿に落ちた際の想定模型などが展示されるとともに、発電用原子炉の模型の展示や「楽しい原子教室」といった啓蒙活動も行われた。[23]「だれにもわかる原子力展」の展示方式は、被爆遺構を展示することによって「被爆の記憶」を呼び起こし、さらに第五福竜丸の舵の展示で原水爆の恐怖をそこに付け加え、それらすべてを「原子力の夢」へと接続させるというストーリーを描いていたと考えられる。その意味で、その後の原子力平和利用博覧会における展示の雛型ともいえるだろう。

原子力「平和利用」キャンペーンが本格化するのは、原子力平和利用博覧会の全国巡回開始以降である。それまでは『読売新聞』が「平和利用」キャンペーンの旗手であったが、全国巡回の過程で、その他の新聞社もキャンペーンに参入していった。一九五五年一一月一日に東京の日比谷公園で開幕した原子力平和利用博覧会（読売新聞社主催、なお以下の括弧内は主催新聞社）は、続いて名古屋（中部日本新聞社）、京都（朝日新聞大阪本社）、大阪（朝日新聞大阪本社）、広島（中国新聞社）、福岡（西日本新聞社）、札幌（北海道新聞社）、仙台（河北新聞社）、水戸（いはらき新聞社）、岡山（山陽新聞社、ただし主催ではなく後援）、高岡（読売新聞社、北日本新聞社、北国新聞社、福井新聞社）を巡回し、総計二六〇万人を超える入場者を記録したのである。[24]この平和利用博覧会は、典型的な「メディア・イベント」であった。[25]

全国の新聞社が足並みを揃えてキャンペーンを展開したことの例証としては、ほかに第八回新聞週間（一九五五年一〇月一日から七日まで）の標語を挙げることができる。新聞週間は一九四八年に「ペンとカメラの祭典」を謳って始まったキャンペーンであり、毎年、「世界平和」や「自由」の語が入った標語を設定して、期間内の誌面に掲載していた。一九五五年に標語に入選したのは「新聞は世界平和の原子力」という言葉であった。(26) 原子力という言葉に少しでも否定的な意味が込められていたならば、標語に選ばれなかったはずである。

では、原子力平和利用博覧会とはどのようなものだったのだろうか。博覧会のパンフットであるアメリカの情報機関USIS編『原子力平和利用の栞』と、『科学朝日』（一九五六年一月号）の特集記事「原子力を大衆の理解へ」から、博覧会の展示内容をみてみよう。

博覧会の展示は、「原子力の進歩に貢献した科学者達」、「エネルギー源の変遷」、「原子核反応の教育映画」というように、基礎知識の解説から始まっていた。続いて、「原子力の工業、農業、医学面における利用模型」「動力用原子炉模型」の展示によって「平和利用」の現状が報告され、最後に「原子力機関車、飛行機、原子力船の模型」、「移動用原子炉、実験用原子炉模型」というように、未来の原子力「平和利用」の展望を示す流れになっていた。来場者を原子力による明るい未来へと誘導しようという意図は明白であろう。展覧会のパンフレットからは、広島・長崎への原爆投下に関する展示を確認できない。

図12　USIS 編『原子力平和利用の栞』

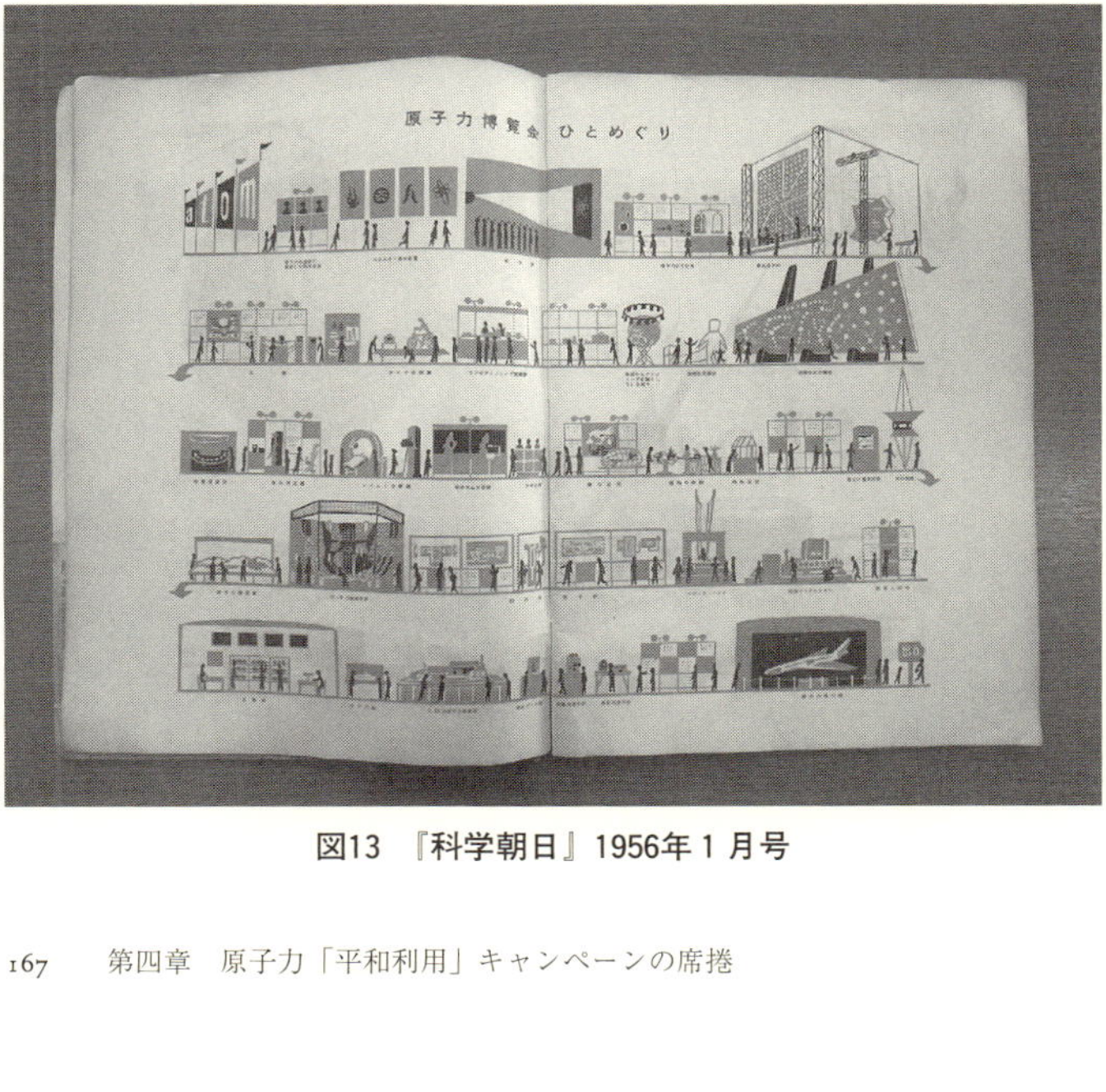

図13　『科学朝日』1956年 1 月号

第一回原子力平和利用国際会議

一九五三年一二月の国連総会でアイゼンハワー大統領が行った提案には、「国際原子力機関の設置」という項目が含まれていた。一九五四年になってソ連の態度が軟化したこともあり、一二月の国連総会では「原子力の平和的利用を発達させるうえの国際協力」という決議案が採択された。

この決議を受けて一九五五年八月、ジュネーヴで原子力平和利用国際会議が開かれた。戦後初めて東西両陣営の科学者が集結する、国連主催の国際会議であった。従来秘密にされていた原子炉研究の現状が公開されるということで、世界中から一七〇〇人を超える科学者が集まった大型会議であり、核エネルギーの「平和利用」に関するその後の国際会議の端緒となった。同年七月には、同じジュネーヴで米・英・仏・ソの四巨頭会談が開催されており、東西の雪解けムードが高まっていた中、「平和利用」を促進するための国際会議が開催されたのであった。

この会議に向けて外務省が開設した準備評議会には、朝永振一郎や武谷三男らが参加し、実際に会議に参加する政府代表顧問団には物理学の藤岡由夫や放射線医学の都築正男が参加した。また中曽根康弘（民主党）、前田正男（自由党）、志村茂治（社会党左派）、松前重義（社会党右派）の四名の国会議員がオブザーバーとして加わり、日本首席代表として経団連会長の石川一郎が名を連ねた。さらに民間企業からも研究者や技術者が参加している。一九五五年当時、アメリカ、ソ連、イギリス、フランス、カナダすでに輸出可能な原子炉を開発していた。日本は技術的な遅れを取り戻すべく、各界を結集して原子力平和利用国際会議に参加したのだった。

会議の内容を報じた紙面では、「死の灰」を出さない核融合反応として「水爆の平和利用」が喧伝されていた[27]。さらに八月六日の『読売新聞』の報道では、中曽根康弘が会議をオリンピックに例え、「原子力の夢」を膨らませた[28]。この時期に読売新聞社が行った世論調査では、「あなたは原子力平和利用のなかでも時にどのような点に興味をおもちですか」という設問に対して、「発電、動力源」という答えが四四％を占めた一方、占領下において期待されていた「医療面への利用」は七％に、「農業への利用」は四％にとどまっていた。国民大衆の核エネルギー「平和利用」への関心は、発電や動力の方向に絞られていたと言えるだろう[29]。

この時期、各電力会社や電機会社には原子力担当の組織が設けられるようになり、発電用原子炉の調査が本格的に開始されていた。民間企業に属する研究者や技術者たちも、ジュネーヴでの原子力平和利用国際会議に参加していた。彼らは専門誌や学会誌で、会議で報告された各国の核エネルギー研究の現状について、詳細に紹介していった。それらの紹介文のなかでも興味深いのは、日立製作所中央研究所の神原豊三による「原子力の現状」という小文である。

『日本機械学会誌』に掲載された小文のなかで、神原は放射性廃棄物の処理方法について、焦眉の課題であると指摘していたのだ。[30] 重要な指摘であると思われるが、この種の放射性廃棄物に関する指摘は、「平和利用」キャンペーン期の日本において、議題となることはなく、輿論の関心を引き付けることはなかった。

第一回原子力平和利用国際会議が終わって間もなく、ある機関紙が創刊された。一九五五年九月二五日に、原子力平和利用調査会によって創刊された月刊新聞『原子力新聞』である。原子力平和利用調査会は、産業界、経済界、学界から広く役員を募り、「わが国の原子力平和利用を正しくかつ早急に進展せしめ、もってわが国産業経済の発展に寄与」することを掲げていた。[31]

そして、一九五六年三月には原子力開発を民間の立場から推進することを目的とした日本原子力産業会議が発足、年内には産業会議の地方組織として関西原子力懇談会と中部原子力懇談会が設立され、その後も各地に設立された懇談会が、地方での普及活動を推進していく。[32] 産業界は船に乗り遅れまいと、競って原子力開発へ参入していくのである。[33]

「被爆の記憶」と「原子力の夢」の接続

一九五六年五月二七日には、被爆地広島でも原子力平和利用博覧会が開催された。これは、

(1) 昭和30年9月25日 原子力新聞 第1号

原子力新聞

創刊に当って

原子力平和利用調査会 会長 小坂順造

『原子力新聞に期待』

高碕達之助

調査会の経過と事業について

橋本清之助

原子力界の動き

『健全な発展を希望』

菅礼之助

原子力

日米協定

米原子力法解説

実験用原子炉

海外雑誌紹介

エネルギー問題の将来

原子力ハンドブックシリーズ

基礎篇

鉱石篇

原子炉篇

化学工業と展望

戦後経済十年史

図14 『原子力新聞』1955年9月25日

広島県、広島市、広島大学、中国新聞社、広島アメリカ文化センターの主催によるもので、会場には平和記念資料館が使用された。この原子力平和利用博覧会に向けて、中国新聞社は『中国新聞』紙上において大々的なキャンペーンを展開した。

『中国新聞』の社説は、原子力を応用した兵器の使用禁止を要請するには、原子力に関する真の知識を獲得する必要があり、そうすることで「平和利用」も進むという論理を展開していた。[34]また、夕刊の一面には「広島原子力平和利用博に期待する」(『中国新聞』夕刊一九五六年五月一三日~二〇日)と題して、各界の著名人による談話を連載した。

そこで中曽根康弘は次のように述べていた。

広島の人は世界に向かってもっとも原子力平和利用を叫ぶ権利がある。われわれはこの業火を新しい文明の火に転換することを広島の人たちの前に誓わねばならない。日本では原子力の問題は未だこのような悲しみや詠嘆詩で扱われてきたが、この悲しみを発展への原動力に、すなわち喜びに切り替えてゆくだけの民族的気力と勇気とを今こそ日本人はもたねばならぬ。[35]

「被爆の記憶」を「原子力の夢」へと接続させようとする言説の最も典型的な例を見出すことができる。第三章でみたように、このような言説は被爆者の間でも受け入れられた。

このほか、『中国新聞』では、広島大学工学部原子力工学研究グループによる「第二の太陽原子力物語」（『中国新聞』一九五六年五月一四日〜二六日）が連載された。このような紙面構成は、読売新聞社が『読売新聞』誌上において展開した「平和利用」キャンペーンを踏襲し、その広島版を目指したものと考えられる。

原子力「平和利用」への期待感を社会に広めていったのは、何も新聞や博覧会だけではなかった。事態は科学雑誌においても同様であった。

「熱原子核反応は産業に利用できるか」（『科学朝日』一九五五年一月号）、「原子力発電の将来」（『科学朝日』一九五六年一月号）、「原子力直接利用の可能性」（『科学朝日』一九五六年一〇月号）などの記事の目的は、その題名にある「産業」「将来」「可能性」といった言葉が示しているように、新たな産業としての原子力発電をアピールすることにあった。なお、「原子力発電の将来」の執筆者である一本松珠機は当時関西電力の専務であり、ジュネーヴ会議に政府団の顧問として参加した経験から、原子炉の早期導入を目指していた[36]。一本松による核エネルギー関連記事の登場は、核エネルギー研究開発への参入を図る産業界の動きを、科学雑誌が無視できなくなったことを示していた。

また、グラビア記事では、「原子力を大衆の理解へ」（『科学朝日』一九五六年一月号）に、当時の期待感を読み込むことができる。そこでは、原子力平和利用博覧会における原子力列車や原子力飛行機の模型が紹介されていた。

夢のなかの夢

この間、核エネルギーに関する様々な未来が、メディアを通して巷間に広まっていった。メディアが描いた未来図は、第一章で確認したような、科学者言説の再生産であった。『朝日新聞』の連載記事「原子雲を越えて」の最終回は、「未来の夢」と題されており、「もしも死の灰の出ない水爆エネルギーが使えるようになったら、原子力で山をくずし、運河を掘り、湖や海をつくることさえ可能になる。台風をたたきつぶすことも、もはや夢ではなくなろう。かくて、自然改造が進むにつれて地球はより多くの人口に住み心地のよい住み場を与えるようになる」、「原子力時代には自動化(オートメーション)も並行して進む。工場は無人化の一途をたどる。人間は日に二時間も働けばよい。こうして、そのむかしドレイの上にあぐらをかいて文化を楽しんでいたギリシャ人のように、原子力と機械をドレイとして、芸術と詩作とスポーツを楽しむことであろう」と記されていた(37)。

『婦人公論』一九五五年八月号に掲載された星野芳郎のエッセイは、「濃縮ウラニウム時代の生活」と題されていた。ここで星野は「原子力時代の科学技術がごく健全に発達したものと予想しての話」と留保をつけながら、「原子力発電は実際上、人類に無限のエネルギーを保証したことになり、人類は石炭や石油が早晩つきてしまうことを恐れる必要はなくなったのであ

る」として原子力発電に期待し、太陽が爆発しても原子力ロケットがあれば人類は滅びない、といった話を紹介している。(38)

『読売新聞』一九五六年一月一日の紙面には、正力松太郎と中曽根康弘、物理学者の嵯峨根遼吉、作家の森田たま、の四人の座談会が「本社座談会 原子力平和利用の夢」として掲載された。そこでは、中曽根康弘が「人類の文明が進むにつれてエネルギーをつかむ範囲が遠くなって行く。そうするとマルキシズムが崩壊する。マルキシズムは百年くらい前労使関係が基準になってできた考え方ですけど、当時まさか原子力がでてくるとは予想もしなかった。結局エネルギー単位がせいぜい石炭や石油だった時代環境を背景として暴力革命の考え方が出来た」として、共産主義の崩壊を夢見ていた。(39)

産業界によるキャンペーンの引継ぎ

ここまで、原子力「平和利用」キャンペーンの拡大と浸透について考察してきたが、このキャンペーンの継続と並行して進められていた原子力政策において、「原子力飛行機」や「原子力列車」が実際に検討されていたわけではない。一九五六年一月に原子力委員会が設置されると、正力松太郎原子力委員長は「五年以内に実用的原子力発電所を建設したい」と謳っていたが、それが時期尚早であると批判されたことからもわかるように、発電所建設どころか、原子炉を輸入する目途さえもまだ立っていなかったのである。

ここで、当時の国民大衆が原子力の話題にいかなる関心を払っていたのか、その一端を示す興味深いデータがある。それは、中央公論社から発行されていた科学雑誌『自然』の読者動態である。

『自然』は、一九五四年から誌面に「読者カード」を挿入し、そこに寄せられた読者の意見を集計して公開していた。「読者カード」は、一年間の記事の中から「感銘を受けたもの」と「詰まらなく感じたもの」をそれぞれ選択するというものであった。一九五四年の「読者カード」集計結果によれば、「感銘を受けたもの」の上位二〇記事のなかに、核エネルギー関連記事は「ビキニの灰の基礎的事実」(六月号)、「放射能雨の成分と効果」(八月号)、「暗い日の感想」(八月号)、「水爆への抵抗の記録」(八月号)、「ビキニの灰はどこまでひろがる」(七月号)の五記事が選ばれており、さらに得票数の七位には「原子力問題一般」という項目も入っていた[40]。

しかし、一九五五年の集計結果をみると、核エネルギー関連記事は上位二〇記事に一つも入らないばかりか、「詰まらなく感じたもの」の四位に「原子力問題」が挙がるようになる[41]。ただし、「詰まらなく感じたもの」に挙がるのは、少なくともまだ「原子力問題」に期待感があり、その期待感が記事によって裏切られたからだと解することも可能だろう。しかし、一九五六年の集計結果以降、核エネルギー関連記事は読者投票の上位にも下位にも挙がらなくなる。

ここからは、一九五四年に高まった関心が、その年をピークに下降の一途をたどっていたことがわかる。

ただし、関心が相対的に低下したとはいえ、原子力「平和利用」キャンペーンが終了したわけではなかった。新聞社主導の「平和利用」キャンペーンが終息した後、それを産業界が引き継いだのである。

一九五七年三月、原子力産業会議は「平和利用」のさらなる推進を期し、日本原子力平和利用基金を設置していた(42)。この日本原子力平和利用基金によって「原子力平和利用の講演と映画の会」が、一九五七年末から一九五八年にかけて、札幌、仙台、広島、高松、熊本、富山、門司、松江で順次開催された(43)。共催には日本原子力産業会議、当地の電力会社、地方自治体が名を連ね、会場には電力会社の講堂やデパートなどが使用された。

「原子力平和利用の講演と映画の会」では、講演を藤岡由夫や伏見康治などの物理学者、あるいは電力会社の重役が担当した一方、原子力研究所(次章参照)が提供する「JRR‐1(実験用原子炉)建設記録映画」が上映され、さらに日本原子力平和利用基金が独自に製作したスライド「私たちの原子力」が映写された。これらの産業界による動きをマスメディアが逐一報じることはなかったが、一九五〇年代を通して産学の連携による「平和利用」の普及活動は行われていたのである。

「平和利用」への疑義

核エネルギー「平和利用」への疑義や違和感が、当時全く存在しなかったわけではない。むしろ、第五福竜丸事件を受け、核実験による「死の灰」が問題視されるなかで、手放しで「平和利用」を称揚するわけにはいかないという言説が登場し始めていた。「平和利用」キャンペーンを主導した『読売新聞』でさえ、「この〝死の灰〟の問題が片づかない限り、平和利用をうたう原子力時代にも、おいそれとは踏み込めない。踏み込んではあぶないというのが、当面する人類最大のジレンマとなった」と記し、原子力時代の到来を歓迎する論調を修正していたのである。[44] 実験物理が専門で、当時科学研究所の主任研究員を務めていた杉本朝雄は、キャンペーンが見落としがちだった放射線の問題に注意を喚起し、早期に対策を講じる必要性を訴えていた。

原子炉が出来てから主に関連する問題だが放射線障害の対策とか、いろいろの形で原子炉から出てくる放射性物質の処理に関連した技術は人道上の事で、今からやっておかぬと困ることができてくると思う。放射性同位元素は大分強いのも輸入されており各地の研究者が既に扱っている。それに今度のビキニ事件で経験が積まれる《ママ》じゃないでしょうか？[45]

杉本は、『朝日新聞』紙上でも、「一番問題は万一の事故の際に原子炉からもれる原子灰に対する考慮」であると指摘していた[46]。医学者で長く原爆症の治療に取り組んできた都築正男も、原子炉の導入を急ぐのではなく、放射線障害の対策をするべきだと述べていた。

わが国でも原子力を研究することは結構だが、しかし原子炉は作らなくてもいい。なぜなら原子炉はいたずらに膨大な金がかかるだけで、他に住宅とか道路とか作ってほしいものが沢山ある。日本でたとえ二十億円かけて作っても貧弱な学生のオモチャみたいなものしか出来ないだろう。私が医者だから我田引水めくが、原子炉よりも放射能障害の研究所くらい建てるのが適当だろう[47]。

また、論壇誌においても原子炉の導入を急ぐ「平和利用」キャンペーンを諫めるかのような議論が存在していた。

日本は地震の多い国だ。原子炉が、大地震にあって、爆発を起こす危険はないのか？爆発とまではいかなくても死の灰は飛びだすだろう。たとえ自然の災害はなくとも、日本には人為災害が多すぎる。又、機械設備の安全度に対する関心がうすい。（中略）

落ち着いて日本の社会条件を考えた場合、やはり原子炉を持つのは国民的技術水準が、この得がたい動力源を所有するにふさわしいまでに高められたときが、絶好の時期というべきだろう。（中略）それは意想外に長い歳月をついやすかもしれない。しかしそれでいいのだ。(48)

しかし、結果から言うと、これらの言説は「平和利用」キャンペーンによる「原子力の夢」の膨張を押しとどめる力にはなり得なかった。それほどまでに核エネルギーの「平和利用」が善いものであるという言説編制は強力であり、「平和利用」言説は広く浸透していたのだと考えられる。また、「被爆の記憶」を持ち出して、それを理由に「平和利用」に反対するという言説を確認することはできなかった。

ただし、「平和利用」への表だった批判ではないが、原子力「平和利用」キャンペーン当時の国民大衆の心性を推し量るに際して、以下の堀田善衛のエッセイは貴重な論点を有している。

僕は原子力平和利用国際会議の模様を注目していた。が、注目といったところで、新聞報道をよく読み、ラジオの解説に耳を傾けるくらいのものなのだ。出掛けて行って見るわけには行かないし、たとえ行ったところで、無知な僕に何がつかめるわけのものでもない……。という この辺に、原子力というもののつかみにくいところがある。それは国際情勢というものとも似ている。注目する、とか、関心をもつ、とかということは、どうにも歯がゆいようなものを内包しているように思われる。(49)

核エネルギーに注目し、関心を持っているものの、実際のところは「何がつかめるわけのものでもない」という堀田が感じた「歯がゆさ」の中には、専門的な科学技術を理解できていないという自覚と、科学技術への信頼が混在している。

堀田が吐露した「歯がゆさ」は、キャンペーンを受容した人々の心性を言い当ててはいないだろうか。「原子力というもののつかみにくいところ」を専門的に理解するのは一般の国民大衆にとって困難であるため、理解は不十分にならざるを得ない。イメージとしての「原水爆の恐怖」と「原子力の夢」は、人々に受け入れられやすく、人々もまたそのイメージに積極的にすがっていった。だからこそ「平和利用」キャンペーンは広く浸透し、それを疑う言説は議題化しなかったのではないだろうか。堀田善衛のこの認識は本書が次章で考察する、核エネルギー研究開発に関する知のブラックボックス化を予見していたように思えてならない。

註

（1）原子力「平和利用」キャンペーンに関する先行研究としては、井川充雄「原子力平和利用博覧会と新聞社」（津金澤聰廣編『戦後日本のメディア・イベント 1945―1960』世界思想社、二〇〇二年）がある。井川はアメリカの思惑に注目しつつ、日本中を巡回した原子力平和利用博覧会の内実と、それに関与した新聞社の姿勢を考察している。当時氾濫した「平和利用」言説の主な推進力が、アメリカの思惑と新聞社の姿勢であったことは間違いないが、それを受容した国民大衆の心性は、第Ⅰ部で確認したように、占領期から徐々に形成されていたのである。

最新の研究としては、田中利幸、ピーター・カズニック『原発とヒロシマ 「原子力平和利用」の真相』（岩波ブックレット、二〇一一年）を挙げることができる。同書では、主に広島における平和利用博覧会の内容が解明されている。また、被爆者を含む広島市民がキャンペーンをいかに受容したのかという観点から、当時の言説が分析されている。注目すべき論点が多いが、薄いブックレットということもあって、事例の紹介にとどまっている。また、あくまで広島を対象にしているため、キャンペーンが全国を席捲していく過程は示されていない。

（2）「日本に原子力発電所を　マ原子力委員の提案」『朝日新聞』一九五四年九月二二日。

（3）同右。

（4）山崎正勝「日本における「平和のための原子」政策の展開」『科学史研究』第四八巻、二〇〇九年。

（5）「広島に原子力発電所を建設　米議員が提案」『朝日新聞』一九五五年一月二八日。

（6）本章が対象にする原子力「平和利用」キャンペーンを主導したのは、アメリカ大使館に設置されていたＵＳＩＳ（United States Information Service）と全国の新聞社であった。ＵＳＩＳは、アメリカの文化冷戦戦略を担当する機関としてアイゼンハワー大統領が一九五三年八月に設立したＵＳＩＡ（米国広報文化庁）の下部組織であった。ＵＳＩＡの具体的業務は、アメリカのポジティブなイメージを世界に普及するため、外国で各種の展覧会や音楽会、映画上映会などを催すというものであった。そしてこのＵＳＩＡとＵＳＩＳが日本のみならず世界で強力に推進したのが、原子力「平和利用」キャンペーンであった。
（7）「ついに太陽をとらえた　その二十七　原子力で停電解消」『読売新聞』一九五四年二月四日。
（8）「ついに太陽をとらえた　その三十一　手軽に原子力を」『読売新聞』一九五四年二月九日。
（9）「原子力を平和に　モルモットにはなりたくない」『読売新聞』夕刊、一九五四年三月二一日。
（10）広島県編『原爆三十年』広島県、一九七六年、二九一頁。
（11）帯刀貞代「マグロさわぎ　原子力の平和利用を問題にしたいもの」『読売新聞』一九五四年三月二三日。
（12）全三回の記事は、嵯峨根遼吉「かくて原爆ナガサキへ　初めて発表された歴史的手紙　博士第1信」『読売新聞』一九四九年一二月三一日。「アメリカ便り第2信　原子力時代アメリカ版」同紙、一九五〇年三月二一日。「アメリカ便り第3信　笑われた「原子核物理部門」」同紙、一九五〇年四月二五日。
（13）嵯峨根遼吉「アメリカ便り第2信　原子力時代アメリカ版」『読売新聞』一九五〇年三月二一日。
（14）「原子兵器の廃棄と原子力の有効な国際管理の確立を望む声明」日本学術会議『日本学術会議二五年史』大蔵省印刷局、一九七四年、五四頁。
（15）ソ連が稼働させた原子力発電所は、潜水艦用の動力炉の失敗作を転用したものであった。市川浩『冷戦と科学技術　旧ソ連邦1945〜1955年』ミネルヴァ書房、二〇〇七年、一六一頁。
（16）「ソ連で原子力発電」『朝日新聞』一九五四年七月一日。「ソ連発の原子力発電」『読売新聞』一九五四年七月一日。
（17）野間宏「水爆と人間　新しい人間の結びつき」『文学の友』一九五四年九月号、八頁。
（18）「原子灰」『原子力新聞』一九五五年九月二五日号。

(19) 小林徹編『原水爆禁止運動資料集3　一九五六年』緑蔭書房、一九九五年、一八二頁。
(20) 同右、一八三頁。
(21) 日本原水爆被害者団体協議会日本被団協史編集委員会編著『ふたたび被爆者をつくるな日本被団協50年史　1956―2006』別巻、あけび書房、二〇〇九年、二〇頁。
(22) 井川、前掲論文、二五〇頁。
(23) 「原子力展から　福竜丸のカジ」『読売新聞』一九五四年八月一三日。「原子力展から　崩折れた聖像の首」『読売新聞』一九五四年八月一四日。「原子力展から　水爆が新宿に落ちたら…」『読売新聞』一九五四年八月一八日。
(24) 井川、前掲論文、二五三頁。
(25) そもそも、エリウ・カッツ（E. Katz）による「メディア・イベント」論とは、本来アポロ一一号の月面着陸や、ケネディ大統領の葬儀、オリンピックなどのスポーツの祭典、大統領候補者の政治討論など、多数の人びとの関心を集めたテレビの生中継を題材に定式化されたものである。平和利用博覧会がテレビで生中継されていたのかどうかは確認できていないが、その点を除けば、カッツによる「メディア・イベント」の必要条件をすべて満たしている。すなわち、「あらかじめ計画されたイベントであること」、「イベントが行われる時間と場所が特定されていること」、「英雄的なパーソナリティあるいはグループが登場すること」、「すぐれてドラマチックあるいは儀式的な意味をもっていること」、「それをみなければならないような社会規範の力が働くこと」、といった条件を満たしているのである。なお、カッツの「メディア・イベント」論については、竹内郁郎『マス・コミュニケーションの社会理論』（東京大学出版会、一九九〇年、二三九―二四二頁）を参考にさせていただいた。
(26) 『朝日新聞』朝刊、一九五五年一〇月一日。『読売新聞』一九五五年一〇月一日。
(27) 「水爆平和利用の見通し」『読売新聞』一九五五年八月一二日。「原子力会議を終えて　平和と建設へ導く」『朝日新聞』一九五五年八月二二日。
(28) 中曽根康弘「青い火競うオリンピック　原子力国際会議出席に際して」『読売新聞』一九五五年八月六日。
(29) 「本社全国世論調査　原子力平和利用への関心」『読売新聞』一九五五年八月一五日。
(30) 神原豊三「原子力の現状」『日本機械学会誌』一九四六年一月号、一〇頁。
(31) 「創刊にあたって」『原子力新聞』一九五五年九月二五日。
(32) 森一久編『原子力は、いま　日本の平和利用30年』上巻、丸ノ内出版、一九八六年、八〇頁。
(33) 原子力開発十年史編纂委員会『原子力開発十年史』社団法人原子力産業会議、一九六五年、二一六頁。
(34) 「社説原子力に対する理解を深めよう」『中国新聞』一九五六年五月二六日。
(35) 中曽根康弘「広島原子力平和利用博に期待する」『中国新聞』夕刊、一九五六年五月一五日。
(36) 竹林旬『青の群像　原子力発電草創のころ』日本電気協会新聞部、二〇〇一年、五二―五三頁。
(37) 「未来の夢　原子雲を越えて」『朝日新聞』一九五五年八月一七日。
(38) 星野芳郎「濃縮ウラニウム時代の生活」『婦人公論』一九五五年八月号、一四五頁、一四七―一四八頁。
(39) 「本社座談会原子力平和利用の夢」『読売新聞』一九五六年一月一日。
(40) 「〝読者カード〟について」『自然』一九五四年一一月号、五五頁。
(41) 「世論調査の集計結果」『自然』一九五六年三月号、八二頁。
(42) 「原子力平和利用基金を設置」『朝日新聞』一九五七年三月六日。
(43) 「日本原子力平和利用基金　躍進！新年度の構想　展覧会は三カ所が本決まり」『原子力産業新聞』第五九号、一九五八年一月一五日。
(44) 「〝死の灰〟の恐怖　人類史上最大のジレンマ　原子力時代は来たが…」『読売新聞』一九五四年九月五日。

(45)「座談会 日本の原子力研究をどう進めるか」『科学』一九五四年五月号、三九頁。

(46) 杉本朝雄「実験用原子炉」『朝日新聞』一九五四年六月一四日。

(47) 都築正男「原子炉の必要なし まず最大許容量の基準を 米国も知らぬ治療法」『読売新聞』一九五四年六月二三日。

(48)「原子力ラッシュは始まった」『文藝春秋』一九五五年六月号、八五頁。

(49) 堀田善衛「土方と原子力」『文藝』一九五五年一一月。引用は『堀田善衛全集13』筑摩書房、一九九四年、四六七頁。

第五章　ブラックボックス化する知

一九五五年一二月に「原子力基本法」「原子力委員会設置法」「総理府設置法の一部を改正する法律」の原子力三法が成立、翌年一月一日には原子力委員会が発足した。三月には科学技術庁設置法が可決、四月には日本原子力研究所法によって原子力研究所が財団から特殊法人に変わり、同時に原子燃料公社法も可決された。このような条件が整ったことで、核エネルギー研究開発体制が本格的に動き始めると、イギリスから導入するコールダーホール改良型炉（これは日本初の商業原発、東海一号になり、一九六六年に運転を開始する）の安全性に関する議論が起こった。この安全性をめぐる議論においては何が争点となり、当時の輿論にどの程度訴えかけたのだろうか(1)。

本章では、当時のメディア言説からコールダーホール改良型炉の安全性をめぐる議論をたどり、「危険」と「安全」が当時のメディアでいかに報道され、科学者たちによっていかに語られたのかを分析する。そして、原子炉の安全性に関する論争が、国民の関心から離れていったことを、知のブラックボックス化という概念で考察する。

知のブラックボックス化という概念が意味するのは以下のようなことである。日常的に使用する何らかの装置に関する専門知について、国民大衆が興味を示さなくなるか、あるいは仮に関心を持った場合でも、その知識にアクセスし理解することが困難なケースにおいては、ある装置のメカニズムを知ることなく、その装置を不自由なく使用できてしまうという事態が起こる。そのような場で、専門知の様態が不可視化していく状態を、本章では知のブラックボックス化と呼ぶ(2)。

もちろん、原子力工学は言うまでもなく、核エネルギー解放の原理を理解していた人間も、専門家を除けば稀であっただろう。その意味では、核エネルギーに関する知は、国民大衆にとって最初からブラックボックスであり、一九五〇年代の半ばまでは「原子力の夢」への興味関心によって、ブラックボックスそのものへの期待感が醸成されていたとみるべきであろう。

では、原子炉の安全性をめぐる議論に入る前に、当時の「被爆の記憶」と「原子力の夢」を理解する上で重要な示唆を与えてくれる二つの出来事について考察しておく。二つの出来事とは、東海村ブームとクリスマス島におけるイギリスの水爆実験である。

東海村ブーム

一九五五年一一月に発足し、一億九千万の予算が下りた原子力研究所の誘致活動が、旧軍用地を持つ高崎市、横須賀市、千葉の習志野など、各地で起こっていた。[3]当初は一九五六年の一月までに設置場所を決定する方針であったが、予定地の選定は難航した。一九五六年の四月には候補地が、神奈川県横須賀市の武山と茨城県水戸市近郊の東海村の二案に絞られた。研究者の交通の便などを考慮して、当初は武山案に決まるかと思われていたが、最終的には、原子力研究所を日本の原子力センターにするために充分な敷地を確保できることを理由に、東海村に決定した。[4]研究所の建設は急ピッチで進み、一九五六年一二月には、アメリカから輸入した出力の少ない研究用のウォーターボイラー炉の組み立てが始まった。[5]

研究所建設が決まると、水戸市では地場産業振興への期待感が高まっていった。東海村の入口まで敷かれた道路は「原子道路」と呼ばれ、水戸市内では「原子力ようかん」が発売された。[6]原子力研究所は完成後も社会の関心を集め続けた。完成当初は見学者が一日七〇〇人を越えることもあり、入場を制限せねばならないほどであった。[7]そして、一九五七年八月二七日、東海村の実験用原子炉が臨界実験に成功すると、東海村への注目はさらに増していった。[8]九月一八日に開催された「第一号実験原子炉完成記念祝賀式」の際には、東海村では戸ごとに日の

朝日新聞 昭和32年(1957年)8月27日

「原子の火」日本に初めてともる　けさ東海村で

燃料、予想以下で点火

「原研」は夜明けの乾杯

湯沸し型は世界で九番目

原子力基礎研究へ踏出す

「一瞬」を待つ…

図15　『朝日新聞』1957年８月27日

丸が掲げられ、道路には提灯が並べられ、花火が打ち上げられるという騒ぎであった(9)。

一九五八年四月一日には、水戸駅から東海村に向かう途中に、茨城県立原子力館が開館した(10)。展示内容は、核エネルギーの基礎知識の解説から、原子炉やサイクロトロンの模型、ガイガー・カウンターの展示、原子力船や原子力列車の模型、原子力の農業利用の展示などであり、前章でみた原子力平和利用博覧会の展示を踏襲していたと考えられる。

東海村への期待の高さを示す例として挙げておきたいのは、武田泰淳による「東海村見物記」(『中央公論』一九五七年七月号)である。武田のエッセイは、原子力研究所の所長に手厚く接待を受けたというような他愛のないものであり、日本の核エネルギー研究開発の是非を問うような問題意識は書かれていない。しかし、このような企画が総合雑誌に掲載されたこと自体、東海村に期待する人々を無視できないという論壇誌の意向の表れであったろう。強調しておきたいのは、東海村を報じるメディア言説が提示したのは、原子力研究所における研究開発の進捗状況ではなくて、そこに殺到する人々の期待感であったということである。東海村の報道に触れた人々は、日本の核エネルギー研究開発の内実に魅せられたのではなく、メディア・イベント化した東海村に魅せられたのだと考えられる。

その後もブームは続いていった。東海村に眼をつけたのは、観光関係者であった。日本修学旅行協会発行の『修学旅行』一九五九年二月号に掲載された「座談会　原研中心の茨城の科学観光コースを語る」という記事では、奈良や京都といった旧来の修学旅行ではなく、近代産業のあり方を学習させる新しい修学旅行先として原子力研究所が注目されていた[11]。原子力館で映画やスライド、原子炉の模型などを事前学習した後に、東海村の原子力研究所に向かうというコースが想定されていた。

クリスマス島の「汚い水爆」

東海村ブームの高まりと並行して、水爆実験を非難する輿論が高まっていた。

イギリス政府は水爆実験のため、南太平洋クリスマス島周辺を一九五七年三月一日から八月一日までの五カ月間、危険区域に指定した。イギリスにとっては最初の本格的な水爆実験計画であった。

日本政府は三月中に水爆実験中止を要求することを決め、立教大学総長で国際政治学者の松下正寿を特使としてイギリスに派遣した。松下は一九六一年に発足した核兵器禁止平和建設国民会議（核禁会議）の初代議長をつとめることになる人物である。この松下の渡英は功を奏さず、イギリスはクリスマス島での水爆実験を強行した。国内輿論は第五福竜丸事件を想起しつつ、再び「死の灰」や「放射能雨」に対する警戒を強めていった。(12)

クリスマス島での水爆実験を受けた世論調査では、「あなたは原水爆の実験はこわいと思いますか。そうは思いませんか」という問いに対し、「こわい」という回答が八八％を占め、その理由としては「放射能の恐怖」が五〇％、「世界の破局、人類の滅亡を招くから」が一六％、「広島・長崎、第五福竜丸などの前例から」が七％であった。(13)第三章でも触れたように、第五福竜丸事件の直後に行われた世論調査では、「日本人はこれから先も原子爆弾や水素爆弾の被害をうける心配があると思いますか。そんな心配はないと思いますか」という設問に、七〇％の人が「心配がある」と答え、その対策として「原子兵器の製造使用禁止」「原爆水爆の実験禁止」「原爆水爆の国際管理」を挙げた意見は計四六％であった。(14)「心配」と「こわい」という回答を同列に置くならば、一九五四年の七〇％から一九五七年の八八％への増加は、原水爆実験の反対という方向に輿論が成熟していたと指摘できるであろう。

このように、「平和利用」への熱い期待と「軍事利用」への厳しい批判が併走していた中、新たに導入する原子炉をめぐって、科学者たちの間で論争が開始されようとしていた。

コールダーホール改良型炉導入の過程

原子力発電の早期実現を目指す原子力委員会には、原子炉をアメリカから輸入するのか、イギリスから輸入するのか、という問題が存在した。当時、アメリカは一九五四年に原子力潜水艦ノーチラス号を進水させたのを皮切りに、原子力空母の開発に力を注いでいた。これに対し、イギリスはロシアに次ぐ世界で二番目のコールダーホール原子力発電所を北西部のセラフィールドに建設し、一九五六年に稼働させた実績を誇っていた[15]。日本が注目したのは、イギリスの原子炉であった。

発電所の名前をとってコールダーホール型と呼ばれた原子炉は、軍事用プルトニウムを生産すると同時に、その発生熱を利用して電力も生産するという、いわゆる「二重目的動力炉」であった[16]。これを日本に輸入する際、耐震性などを改良して導入する必要があったため、日本ではコールダーホール改良型炉という呼称が当時から定着していた。

コールダーホール改良型炉の導入をめぐる報道は、前章で考察した「平和利用」キャンペーンと同じ文脈で理解することが出来る。

一九五六年五月、日本にコールダーホール炉を売り込むために来日したイギリス原子力公社

原子力発電を手がけて
苦心を語るヒントン卿
本社主催大講演会
物質の構造について
クリストファ・ヒントン卿の講演にじっと聞き入る三千の聴衆
石炭の五千万トン分
二十年後に賭う
水・火力必要なくなる
連鎖反応起す同位元素

図16　『読売新聞』1956年5月20日

の産業副部長ヒントン（Christopher Hinton）は、原子力発電の「世界最高権威者」として、読売新聞主催の講演会に登壇した(17)。当然ながら、『読売新聞』は、五月一九日に開催されたこの講演会を大きく報じている。

紙面には「石炭の五千万トン分　二十年後に賭う　水・火力必要なくなる」という文言が踊っていた(18)。このような報じられ方は、前章でみたアメリカ原子力委員会からホプキンスが来日した際の報道と全く同じ形式である。来日する人物が「重要人物」であることを予め報じておき、期待感を高めた後で、その人物の言葉を大々的に紙面に掲載するという報道戦略が十全に展開されていた。

また、コールダーホール改良型炉の導入と並行して、ＷＢ（ウォーターボイラー）炉の建設が進んでいた。一九五六年から一九五七年にかけて、ＷＢ炉の各部品がアメリカから船便で運ばれ、東海村の敷地内では一九五六年の夏から原子炉を格納する建物の建設が始まっていたのである。そして、先にみたように、一九五七年八月二七日には、原子力研究所の実験用原子炉ＪＲＲ（Japan Research Reactor）が臨界に達していた。

原子炉の臨界実験成功を受けた正力松太郎と電力会社は一九五七年一一月、民間の原子力発電会社を発足させた。[19] 正力松太郎と電力会社にしてみれば、原子力研究所は、労働条件の改善を求める闘争から次第に原発推進に慎重になりつつあった原研労組の存在もあって、思うように動かすことはできず、迅速な開発は望めなかった。さらに、電源開発株式会社は、発電炉の導入に慎重であった。[20] したがって、原子力発電会社の創設は、原子力発電の早期実現をめざす政・官のグループが、すでに強かった電力会社との関係をより強固にすることを目的としていた。社長には元石炭庁長官という経歴をもち、原子力研究所の初代理事を務めた安川第五郎が、副社長には関西電力の一本松珠機が就いた。

この原子力発電会社の当面の目標は、発電用の動力炉の輸入であった。原子力発電会社の安川社長、一本松副社長、武藤清東大教授らによって組織された原子力調査団は、一九五八年一月、イギリスに出発した。この調査団は、帰国後に原子力産業会議主催の講演会の檀上に上り、コールダーホール炉の導入の安全性を強調することになる。

安川第五郎は、「核燃料と冷却装置が同時にこわれた最悪の場合でも、炉が自然に絶たれるようになり、放射性物質が炉外に流れ出ることはない」と強調し、一九六六年までに五〇〇万から六〇〇万キロワットの発電を計画すると述べていた。[21]『読売新聞』は、「先ごろの訪英調査団帰国報告で安全性、経済性が確認され、早ければ今年中に契約の見通し」として、コールダーホール炉の輸入を既定路線として報じた。[22]さらに『原子力産業新聞』は、前述の安川第五郎の発言に「結論・地震は絶対安心」との見出しをつけた。[23]

だが、発電用原子炉の導入を急ぎ、安全を強調する政財界に疑義を呈したのが、学界であった。本章がこれから考察する原子炉の安全性をめぐる論争が抱えていた問題点を理解するには、ウルリッヒ・ベック（Ulrich Beck）によるリスク社会論の議論が有益である。

ベックのリスク社会論

社会が「危険」を「危険」として認知するには科学的知識の裏付けが必要であり、その「危険」を減少させ「安全」にするためにも科学的知識が求められる。しかし、科学の進歩によって科学が扱わねばならない問題領域が増えていき、それらすべての問題を科学によって解決することはほぼ不可能になってきた。それだけではなく、その科学的知識自体が原子力産業や化学産業、医療産業などにおいて、新たな「危険」を生むケースさえ発生している。原子力発電所の事故や農薬による健康被害、遺伝子工学に伴う危険性などがそれにあたる。産業社会においては、これらのリスクは一カ所に集中するというよりは、社会に広く分配される。そこに、ベックは近代社会の特徴を見出し、リスク社会と呼んだのである。

ベックの考察のなかでも、特に本章にとって有益なのは、「危険」の存在を周知させるためには論証の努力が必要だと指摘している点である。(24) 仮に専門家集団の内部で「危険」が確定した場合においても、自然科学と人文科学、専門的合理性と世俗的常識、といったような時に対立する要素が手を取り合わないことには、「危険」は社会的に共有されにくい。「危険」は、あくまでそれを回避して「安全」へと至る過程を示す言説の中に、否定的なものとして位置づけられる傾向がある。これに対して、「安全」に関する言説は、「安全」を確保するという志向性を有する限りにおいて、ポジティブなものとして受容され、論証の努力を払う必要がなく、社会に伝播しやすい。

特に、原子力発電所のように、放射線の許容量に関しては科学知識の不確実性が大きく、その建設に関しては政治経済と深く結びついた問題については、「危険」の予測判定の論証は極めて困難である。事故の可能性が極めて低いということについては科学的に答えが出せたとしても、どの程度の可能性ならば無視しても良く、どの程度の可能性ならば対策が講じられるべきなのか。このような問題は、ベックがいうリスク社会の特徴そのものであるし、「科学に問うことはできるが、科学だけでは答えの出せない」という、トランス・サイエンス的問題でもあろう。[25]

このような難問は、これから本節が考察する原子炉の安全性をめぐる論争が抱えていた問題でもあった。一九五〇年代後半に起こった論争は、結論からいうと、「危険」が社会に共有されなかった例であり、専門家による科学的判断が「危険」を潜在的に増幅させた例として理解できるであろう。

「危険」と「安全」のポリティクス

学界がコールダーホール改良型炉の安全性の問題を初めて取り上げたのは、一九五八年二月七日から三日間の会期で開催された日本学術会議主催の第二回原子力シンポジウムのパネル討論会であった。そこでは、「動力炉の設計計画」と「原子力施設の安全性」についての討論が行われ、原子炉の耐震性の問題を中心に議論が行われた。パネルは、座長を伏見康治が勤め、パネリストに電源開発株式会社の大塚益比古、建築研究所所長の竹山謙三郎、東大教授の斉藤信房、立教大教授の武谷三男が並んだ。[26]

原子力シンポジウムの議題に設定されたことにより、原子炉の安全性をめぐって、導入を急ぐ政財界やそれに賛成する学者たちと、素粒子論グループを中心にした慎重派との間で、議論が過熱し、メディアもそれを報じていった。

以後の議論を主導したのは、物理学者の坂田昌一である。坂田は当時、日本学術会議原子力問題委員会の委員長であるとともに、原子力委員会の原子炉安全審査専門部会の委員でもあった。坂田は、イギリスから原子力調査団が帰国した直後の一九五八年三月一八日、衆議院科学技術振興対策特別委員会の場で、原子力委員会の長期計画と、それに基づく原子力調査団の報告内容に対して次のように述べた。

原子力という問題が未完成の技術であり、しかも新しい技術的発展というものが次々に大げさな形で起こってくる、また新しい可能性というものが、現在は全く隠れておりますような基礎研究の分野から次々に現われてくるということ、また安全性の問題というものが人類全体の非常に大きな問題として取り上げられなければならない、この三つの観点というものが、原子力の開発を考えて参ります場合の基本的な観点として非常に重要なんではないかということ、これが今の長期計画の問題に関して私どもの委員会で検討いたしました際のいろいろな意見をまとめるに当りまして気づきました点でございます。[27]

これ以後、コールダーホール改良型炉の安全性をめぐる論争が本格化した。地震のないイギリスで運転する分には問題がないとしても、地震大国日本において安全に運転可能なのかという問題が浮上したのである[28]。争点は原子炉の耐震構造だけでなく、放射性廃棄物の拡散の問題にも及んだ。東海村上空には常に温度の高い空気の層があるとされており、これが放射性廃棄物の拡散を妨げ、逆に近隣住民に危害を与える可能性も指摘されていた。これに対して、原子力発電会社は、耐震設計の徹底と、上空の気温が上がった時には風が陸から海に吹くことを理由に、安全性を主張した。

この論争の過程で原子力調査団の地震班は安全と安心を強調しつづけていた[29]。武藤清は「耐震設計の問題は極めて順調に進んできており、国民の皆様にも安心していただけることを確信している」と述べた[30]。

これを受けた学界は、日本学術会議第二六回総会（一九五八年四月一六日～一八日）で、学術会議の原子力問題委員会がまとめた原子炉の安全性に関する申入れを、政府に対して行うことに決めた[31]。これは「原子炉およびその関連施設の安全性について」という政府に対する申入れとしてまとめられた。

この申入れの中でも、特に重要なのは、「放射線障害は照射量がいかに少なくともそれに応じた影響をうけること、並びに人間の感覚により知覚できない部分が大きいことを特性として挙げ、そのため通常の毒物障害とは質的に異なった新しい考え方をもってのぞむべきこと」と提言していることであろう[32]。さらに「「安全性」という概念が単に科学技術的概念であるばかりでなく、社会的概念であるという点」も指摘されていた[33]。

コールダーホール改良型炉の安全性をめぐって、一九五九年七月三一日に原子力委員会主催の公聴会が、八月二二日には学術会議主催の討論会が開かれた。なお、この公聴会には、科学者のほかに産業界、労働組合からも出席者が集まり、受け入れる地元側からは茨城県知事、東海村村長が参加した。[34] 出席者の顔ぶれは、約七年の間に膨れ上がった核エネルギー研究開発体制そのものを如実に示すとともに、この問題がもはや政治家や科学者といった一部の専門家だけでなく、地元住民を含めた公共の問題となったことを示していた。

公聴会の争点は、原子炉の耐震性、放射線障害の対策、事故時の安全対策であった。これらの争点のなかでも、科学者の間で見解が分かれたのは、事故時の近隣住民の立ち退き範囲の問題であった。

第五福竜丸事件の際に活躍した西脇安は、陸から海に風が吹く場合は一時立ち退きの範囲は八〇〇メートルで済むというデータを挙げ、東海村にコールダーホール炉を置くのは不適当であるという結論にはならないとした。[35] これに対して、日本学術会議の原子核特別委員会委員だった藤本陽一は、風向きと天候を考慮すると放射性ヨードの拡散は風下一〇〇キロメートルに及ぶと指摘した。[36]

このような見解の相違が生まれた理由としては、この時点では、地域住民に対しての暫定的な「許容量」さえ定まっていなかったことが挙げられる。[37] 原子炉で働く研究者や技術者などの職業人に対する「許容量」には、ＩＣＲＰ（国際放射線防護委員会）による暫定的な基準が存在したが、近隣住民への「許容量」は具体的には定められていなかったのである。
結局、一九五九年一〇月一三日の原子力委員会の第七小委員会と通産省のコールダーホール改良型原子力発電所審査委員会との合同審査委員会で、コールダーホール炉が安全であるとの結論が下った[38]。坂田昌一は京都で会合の予定があり、この合同審査会を欠席していた[39]。そのため、審査委員会に宛てて、事故時の近隣住民退避に関わる放射線の「緊急許容線量」の基準を明確にすること、審査報告を公表することなどを求め、これらが反映されないまま導入の決定がなされた場合、「その内容に対して一切の責任を持てません」という手紙を出していた[40]。坂田は以下のように述べている。

現在の審査機構は決して国民の安全を守りうるような健全なものではありません。私は原子力委員会が安全審査機構についてもう一度慎重に検討され、学術会議が昨年勧告したような形の、真に権威ある審査機関を樹立されるよう強く要望したいのであります[41]。

このように反対意見は最後まで存在していたものの、一二月五日に原子力委員会から首相あてに答申することが全会一致で決まり、一二月一五日には、正式に原子力発電所の設置許可が下った[42]。コールダーホール改良型炉の導入が決定したのである。そして坂田昌一は専門委員を辞任するに至った。

では、これに対して、コールダーホール改良型の導入を決めた側は、どのような論理を用いて「安全」を訴えたのだろうか。東大教授の福田節雄は、その決定の理由を以下のように述べていた。福田節雄は原子力委員会の原子炉安全審査専門部会で第七小委員会委員長を務めていた人物である。

結局安全という問題は、やはり確率の問題を出ることができないということでありま す。(中略) たとえば横軸に災害の大きさをとり、縦軸にその発生の確率をとりますと、われわれの経験的事実としても、また社会でも容認せられている事実としても、災害の大きなものほどその起こる確率は少ない。こう考えるわけでございます。そうなりますと、ある最大許容の大きさの災害が起こる確率が、ある許容限度内におさまっていれば、それは安全であるというような考え方をせざるをえないと思います。たまたまそこにわれわれが設定しました限界が、社会通念的に許容される場合には、それが社会的にも安全であるということになるわけです。この原子力施設というものがごく最近起こったもので、それに対してわれわれの経験もその他もきわめて薄弱であるということからして、その社会通念が完成されていないということからして、その安全の問題にひっかかって参りますと、これは全く甲論乙駁であって、結局それを客観的に全部の人が容認するような形のものは打ち出すことができにくいということになっているわけです。そうなりますと、結局その意味におきましては、社会的にはこれは安全であるということがきまるのには、やはりそこに判断ということが入ってこざるを得ない[43]。

福田節雄が述べているように、「原子力施設」のような新技術に関しては、安全問題についての社会的合意がそもそも存在しないため、「全部の人が容認するような形のものは打ち出すことができにくい」。その意味で、福田は「科学に問うことはできるが、科学だけでは答えの出せない」というトランス・サイエンス的問題に直面し、そのことを理解していたと言える。だからこそ「判断ということが入ってこざるを得ない」と述べたのだろう。しかし、この科学者たちの議論が、社会的に広く知れ渡っていたのか、議論を公開する努力はなされていたのか、という点に関しては疑問が残ると言わねばならない。

原子力に関する専門知のブラックボックス化

確かに、当時の新聞報道はコールダーホール改良型炉の導入をめぐる議論を報じていたし、安全性の問題などについても紙面を割いて紹介していた[44]。その意味では、原子炉の安全性をめぐる議論が輿論に対して「相当の影響を与えた」という、広重徹による指摘には理由がないわけではない[45]。一方で、「この時の世論は坂田の行動に特段の反応を示さなかった」とされることもある。[46]では、実際のところ、当時のメディアはコールダーホール改良型炉に関する議論をどのように報じていたのだろうか。『朝日新聞』一九五九年八月一日の記事「学界代表また対立　コールダーホール発電炉公聴会」が示しているように、安全性に関する議論はやや冷やかに報じられていたことは否定できない。

核エネルギー研究開発体制が固まり、原子炉の導入が既定路線となった一九五〇年代後半においては、放射線の許容量や原子炉の耐震性など核エネルギー研究開発に関する知識の専門化・細分化がいっそう進んでいた。

一九五七年度からは、京都大学、大阪大学、東京工業大学に大学院での原子力関係講座が、一九五八年度には、京都大学で学部レベルでの原子力工学科が設置された。これに応じ、産業界の出資からなる日本原子力平和利用基金は、奨学金制度を発足させ、大学の研究室に属する若き原子力技術者の囲い込みを始めていた。[47]

知識の専門化・細分化という問題は、科学雑誌においてもあてはまる。[48]『科学朝日』は一九五九年になって、原子炉の構造的技術的解説記事を増やしていた。「技術者養成用の小型原子炉」、「日本と対比的な西ドイツの原子力開発」（ともに『科学朝日』一九五九年二月）、「半均質炉構想と計画」（『科学朝日』一九五九年三月）などがそれに当たる。

このように、専門化、細分化しつつある核エネルギー研究開発の動向について、人文系の知識人が入り込む余地はなく、もはや論壇の議題にされることはなくなっていた。「平和利用」

キャンペーンの際には新聞などで座談会が企画され、各界の著名人が各々の「原子力の夢」を語っており、そこに人文系知識人が参加することもあったが、原子炉導入の技術的問題ではそのような機会はなかったのである。

さらに、後に詳しくみるように、核エネルギーの「平和利用」のなかでも最も現実的だとされた原子力発電さえ、当初の計画通りに進んでいないことが明らかになり、一九五〇年代中ごろの「原子力の夢」は急速にしぼみつつあった。(49) 原子炉導入と安全性論争は、もはや読者の関心を引くような対象ではなくなっており、人々の批判的関心を引き付けることもできず、専門家内の対立の問題として認識されつつあったと考えられる。

全国紙での報道が一定以上なされていたにも関わらず、輿論の関心を引き付けなくなるというこの事態は、マコームズ（M. E. McCombs）とショー（D. L. Shaw）によるメディアの「アジェンダ設定機能」では説明できない。「アジェンダ設定機能（the agenda-setting function）」とは、メディアが争点やトピックを選択的に報じることで、受け手の関心を左右し、人びとのいま何が重要な問題なのかという判断に影響を与えるという仮説のことを指す。(50) この機能からすると、全国紙が原子炉導入をめぐる議論の推移を報じ、社会の注目を集中させていたのだから、輿論もそれに応じて高まるはずであろう。しかし、実態は、報道されればされるほど、核エネルギー研究開発の専門化と細分化が浮き彫りになり、国民大衆の関心が離れていったとみるべきであると考える。

原子力発電所に関する専門知に国民大衆が関心を持てなくなり、仮に関心を持った場合でも、その知にアクセスすることが困難になっていった。この事態は知のブラックボックス化というべきものであろう。もちろん、原子炉の構造に関する原子力工学や放射線の生物への影響に関する保健物理などは言うまでもなく、核エネルギー解放の原理を理解していた人間も、専門家を除けば稀であったのではないか。その意味では、核エネルギーに関する知は、国民大衆にとって最初からブラックボックスであった。しかし、一九五〇年代の半ばまでは「原子力の夢」への興味関心によって、ブラックボックスであるがゆえの期待感が醸成されていたのである。したがって、正確に言うならば、夢のあるブラックボックスが夢を失ったただの「箱」になったために、国民大衆の関心を引き付けなくなったのだと言えよう。

社会的合意を得るための活動が不十分なまま、専門家たちによって原子炉が「安全」と「判断」されたのは、すでに多額の予算がつぎ込まれた原子力発電の実用化の動きを止めるわけにはいかなかったからだろうか。いずれにせよ、コールダーホール改良型炉の安全性は、科学外の要素によって決定されていた。このように、専門外の決定要素によって危機の発現が先送りされるという構造は、同じ一九五九年の水俣病の問題についても指摘できる。やや本章の議論からは逸れるが、リスクを切り捨て、開発を進めるという点とイデオロギー的言説的編成という点で共通しているため、触れておきたい。

水俣の被害は一九五〇年代中頃から問題視され、一九五六年には熊本大学医学部が、異常の原因を肥料工場の排水であるとつきとめていた。一九五九年一一月には、厚生省の水俣病食中毒部会が、水俣病の原因が有機水銀化合物であるという答申を提出するに至った。しかし、当時の通産大臣であった池田勇人は、この答申を留保し、さらにチッソ水俣工場は責任を認めないまま水俣病患者に見舞金を支払うことで問題を「解決」した。結果として、その後九年間にわたって排水は不知火海に流れ続けたのである。見田宗介は、事態を著しく悪化させた「医学外的な原因」の背景に、高度経済成長を下支えした、農業の近代化と工業地域開発という「二本の主柱」をみている。地域工業開発の先駆的モデルであった水俣で、窒素肥料という近代農業の象徴が生産され続けることは、これから高度経済成長へと向かおうとしている日本にとって、なくてはならないものであったのだ[51]。さらに、小林直毅は「水俣」の言説的構築を分析し、そこに作用していた経済発展とその担い手であったチッソを優先させるイデオロギー的言説編成を明らかにしている[52]。

進歩や成長という終わりのないプロセスを、社会の構成員たちが懸命になって信じようとし、またそれを実際信じることができた一九五〇年代の後半においては、「微小」だとみなされたリスクは切り捨てられた。進歩や成長について広く共有された信念は、ほとんど疑われることなく、高度経済成長の精神的駆動力になっていったのである。

しぼむ「原子力の夢」

それに加えて、一九五〇年代中頃までに日本を席巻した「原子力の夢」が、一九五〇年代後半には急速に縮減し始めていたということは、あらためて押さえておきたい。

当時立命館大学経済学部の教授だった小椋広勝は、コールダーホール改良型炉の安全性論争を振り返り、原子力発電所は実用化には早いと慎重論に立ちながら、以下のように述べていた。

一九五五年、ジュネーブで第一回原子力平和利用国際会議が開かれた当時にくらべ現在は原子力実用化への態度がむしろさめて来た感じがある。これは未知な点が段々既知となるにつれて実用化が決して安く、簡単にはいかないことがわかってきたためだ。(53)

小椋が言うように、一九五八年から一九五九年にかけて、「原子力実用化の態度」が急速に冷めつつあった。

一九五八年九月一日、第二回原子力平和利用国際会議が第一回と同様にジュネーヴで開催された。この会議を報道した各紙からは、急速に「原子力の夢」がしぼみつつあったことを見て

昭和33年9月13日 (土曜日) ☆4版☆ (2)

消えた「アトムの神話」

原子力国際会議を顧みて

道遠い産業革命

「発電」報告は充実したが

大国、機密公開に限界

図17　『読売新聞』1958年９月13日

取ることができる。研究の進展は、核エネルギー「平和利用」の限界を明らかにし始めており、ひところ喧伝されたような「第二の産業革命」が来ないだろうということもわかりつつあった。

この会議では、民間企業が南米東海岸と日本との間を結ぶ「原子力移民船」の計画を発表するなど、依然として原子力の「平和利用」を高らかにアピールしてはいた[54]。しかし会期中の報道でも、「ひところ世界を飛び回った〝原子力発電ラッシュ〟時代はすでに去り〝より能率的、効果的発電炉をめざす〟反省と再準備の時代に入ったとの印象が濃厚である」と伝えられていた[55]。そして、この会議を総括する記事のタイトルは、「消えた「アトムの神話」」であった[56]。さらに、一九五九年になると、アメリカ、ソ連、イギリスで原子力発電の計画が遅れていることが明らかになり、当初の予測が楽観的であったと指摘されるようにさえなっていた[57]。一九五五年に開催された第一回の会議の報道のされ方と比べたとき、その温度差は明らかである。

核エネルギー研究への期待感が冷めつつあるというのは、日本の原子力研究の最前線に位置した原子力研究所においても共有されていたようである。「すべて外国の真似ごとなんです。十年、十五年昔はわくわくするような大発見だったかもしれないが、今じゃもう古びて流行おくれになった実験のおさらいでしかない」と話す若手研究者の談話が、新聞記事になるほどであった[58]。

ただし、注意しておかなければならないのは、「原子力の夢」が完全に消え去ったわけではないということである。嵯峨根遼吉は、核融合反応の「平和利用」について、解説書『原子力の平和利用』（財団法人郵政弘済会、一九五八年）のなかで以下のように述べていた。

今でこそだれもうまい手はないといってあきらめておりますが、あすにでもだれかうまいことを考えつけば、とたんにこういうことが実現されることが非常に近い将来に起こり得る問題であります。（中略）究極というか、何十年か後には、この方法でエネルギーが出されて使われることになると考えて差し支えない。[59]

先に確認したように「原子力の夢」はしぼみつつあったが、嵯峨根のような意見は存在し続けていた。「平和利用」への関心が薄れることによって、むしろ逆に、「平和利用」を過剰に称揚することに対する疑義はさらに提出されにくくなっていったと考えられる。前章で確認したように、第五福竜丸事件後には、放射性廃棄物の問題や地震対策の問題が言及されることもあったが、一九五〇年代末には、「原子力の夢」に疑義を呈する言説を見つけ出すのは困難である。

関西実験用原子炉設置反対運動

「夢」がしぼむということは、ある意味では「夢」が現実に近づきつつあるということでもある。アカデミズムの領域では研究用の原子炉を設置しようという試みが動き出していた。しかし、当時関西では研究用の原子炉を設置する段階で、それに反対する地域住民の運動が起こった。

一九五七年一月、京都大学と大阪大学による研究実験用原子炉の設置場所が京都府宇治市に内定した。設置候補地は大阪の水源である淀川の上流であり、宇治の茶業者にとっては風評被害の恐れもあったことから反対運動が起こり、六月には宇治の市議会が原子炉受け入れ拒否を決議したのである。これにより一九五九年までに高槻市と茨木市の境にある阿武山、交野、四条畷が新たな候補地として設定されたが、ここでも放射線による飲料水の汚染を主な理由とする地元の強い反対運動によって、実現には至らなかった。

最終的に、一九六〇年一二月になって大阪府泉南の熊取町に設置が決まり、ようやく関西研究用原子炉設置問題は収束した。

この運動については、広重徹「原子力と科学者（二）」（『自然』一九六〇年六月号）がその当時に鋭く指摘しているように、反対運動が起こった宇治、高槻、交野、四条畷は東海村よりも開発が進んでおり、地域経済が、あくまでも比較的にではあるが充実していたため、原子炉設置による利益よりも放射線への恐れが優先されたのだと考えられる。また、樫本喜一の考察にあるように、最終的に設置が決まった熊取町にしても、開発が遅れている地域であり、研究用原子炉を引き受ける際の見返りを期待していた部分があった[60]。裏を返せば、原子炉が設置された東海村と熊取町の事例は、地域振興への地元の期待と研究所設置を目指す政・産・学の思惑とが一致したということでもあろう。

この関西研究用原子炉反対運動は、健康的、経済的被害に対する恐れと政・産・学への不信がその根底にあるという点で、後の「反原発」運動の萌芽として認めることもできるだろう。ただし、この関西研究用原子炉反対運動に関しては、設置側と住民側双方の短絡的思考を排して大局的な見地に立って早急に問題を解決すべしという『朝日新聞』の社説に代表されるような、早期実現を期待する言説は存在するが、研究用原子炉を設置すること自体を疑うような言説は見あたらない[61]。

当時の茨木市長は原子炉設置反対の理由を次のように述べていた。

研究用原子炉が如何なる目的のために設置せられるか、またどんな規模のものであるかそれらのことはよく知っている。われわれのもっとも恐れ嫌っている原子爆弾製造装置とは全然異なるもので、またこの研究用原子炉が容易にそれに転化できるものでないことも充分知っている。なお原子力の平和利用はわが国の文化の向上産業の発展のため刻下の急務であることもよく認識している。しかしながら研究用原子炉の設置が必要だからとてその設置場所の選定を軽視し、たんなる便利主義で決定さるべきでない。人類の幸福のための原子力平和利用が一方において、人類の不幸を招くようなことがあっては設置の意義を失う。

茨木市が反対をとなえているのは原子炉の設置を阻害しているのではない。ただその場所が適切でないとして反対しているので、確固たる理由があり、ただ反対せんがために反対しているのではないことを認識してもらいたい[62]。

「平和利用」自体を否定しているわけではないという言明が、繰り返し行われている。「原子力の夢」の縮減は実感されつつあったが、完全に消失したというわけではなく、公的な場でそれを否定はできなかった。しかし、実現への一歩を踏み出そうとした「原子力の夢」よりも、生活の安心を優先させたいという至極当然な心情が優先された。関西研究用原子炉反対運動が、あくまで局所的なNIMBY（not in my back yard うちの裏庭はいやだ）にとどまった理由も、そこにあったと考えられる。つまり、「平和利用」を前提とした核エネルギー研究の必要性を疑う視点が、反対住民側にも存在しなかったのである。その点で、この運動は公害問題を背景に盛り上がった一九七〇年代の「反原発」運動とは明らかに異なっていたと言えるだろう。

註

（1）吉岡斉は「原子力体制の形成と商用炉導入」（中山茂、後藤邦夫、吉岡斉責任編集『通史日本の科学技術2』学陽書房、一九九五年）のなかで、コールダーホール改良型炉に関する論争を「日本初の本格的な原子炉安全論争」としている。その指摘は全くその通りだが、具体的な議論の内容は触れられていない。また、それがどのように国民大衆に訴えかけたのかという観点では捉えられていない。それは、安全性論争から東海発電所の建設までの過程を検証した、中島篤之助、服部学「コールダー・ホール型原子力発電所建設の歴史的教訓Ⅰ・Ⅱ」（『科学』一九七四年六・七月）においても同様である。一方、広重徹『戦後日本の科学運動 第二版』（中央公論社、一九六九年）は、原子炉の安全性をめぐる議論が輿論に対して「相当の影響を与えた」とし、その原因として一般国民の身辺の危害に関わる問題であったからだとしているが、何か根拠が示されているというわけではない。中島と服部による研究は、論争の経緯を通史的に振り返っているが、その論争が当時の社会でどのように報じられ、どのように受容されたのかという点は深められてこなかった。むろん、論争の受容過程やそこでの語りの問題は科学史の対象外であって、それをもって上記の先行研究を批判したいのではない。しかし、先行研究がまとめた論争の経緯は、大きな流れとしては間違っていないが、論争に参加したアクターが何をどのように語っていたのかという点には関心が払われていない。

（2）溝尻真也「ラジオ自作のメディア史　戦前／戦後期日本におけるメディアと技術をめぐる経験の変容」（『マス・コミュニケーション研究』第七六号、二〇一〇年）には、ブラックボックス化という概念について、重要な示唆を与えられた。溝尻は、トランジスタラジオの普及によってラジオのメカニズムに関する関心が薄れていき、ラジオを自作するという文化が廃れたことを示す際、ブラックボックス化という概念を使用している。

（3）「各地で誘致運動　原子力研究所」『朝日新聞』一九五六年一月六日。

（4）「原子力研究所敷地　東海村（茨城）に決まる」『読売新聞』一九五六年四月七日。原子力開発十年史編纂委員会

『原子力開発十年史』社団法人原子力産業会議、一九六五年、七四頁。なお、第一候補だった武山を退けて、東海村に敷地が決定した背景には、原子力委員長正力松太郎の強い意向があったとされる（有馬哲夫『原発・正力・CIA機密文書で読む昭和裏面史』新潮新書、二〇〇八年、一五四―一五六頁）。

（5）「東海村の原子炉建設」『朝日新聞』一九五六年一二月一一日。

（6）「東海村　ブーム」『朝日新聞』夕刊、一九五七年六月六日。

（7）「東海村　見学者」『朝日新聞』夕刊、一九五七年六月五日。

（8）「原子の火　点火の興奮」『朝日新聞』夕刊、一九五七年八月二七日。「原子の火ともる　その日の東海村」『科学朝日』一九五七年一〇月号、八九頁。

（9）「原子炉、運転を開始　東海村で完成式」『朝日新聞』一九五七年九月一八日。

（10）「茨城県立原子力館　実物や精密模型など豊富に集めて　四月一日いよいよ開館」『原子力産業新聞』第六六号、一九五八年三月二五日。

（11）横田宏之「茨城県の科学観光ルートを巡って　修学・見学旅行の参考のために」『修学旅行』一九五九年二月号、二八頁。

（12）「世界をおおう死の灰の恐怖」『読売新聞』一九五七年五月一六日、「ツユを汚す放射能チリ」『読売新聞』一九五七年六月一日、「早くも東京の雨に　クリスマス島実験の放射能」一九五七年六月一一日。

（13）「「原水爆実験」どう思うか　本社の全国世論調査」『朝日新聞』一九五七年七月二六日。

（14）「原・水爆をどう思う？　本社世論調査」『朝日新聞』夕刊一九五四年五月二〇日。

（15）中島篤之助・服部学「コールダー・ホール型原子力発電所建設の歴史的教訓Ⅰ」『科学』一九七四年六月、三七四頁。

(16) 同右、三七三頁。
(17) 「社告　原子力発電大講演会」『読売新聞』一九五六年五月一四日。
(18) 「原子力発電を手がけて　苦心を語るヒントン卿」『読売新聞』一九五六年五月二〇日。
(19) 橋本三郎「日本のコールダー・ホール物語」『自然』一九五八年七月、四六頁。「原子力発電会社発足」『朝日新聞』一九五七年一一月二日。
(20) 広重、前掲書、二二八頁。
(21) 「コールダーホール型炉能率良く安全　訪英調査団の調査結果　英原子炉の購入」『朝日新聞』一九五八年三月一八日。
(22) 「世界の原子力開発と日本」『読売新聞』一九五八年三月二五日。
(23) 「訪英調査団帰国講演会の講演要旨」『原子力産業新聞』第六七号、一九五八年四月五日。
(24) ウルリヒ・ベック『危険社会　新しい近代への道』東廉、伊藤美登里訳、法政大学出版局、一九九八年、三五頁。
(25) アメリカの物理学者、アルヴィン・ワインバーグ（Alvin Weinberg）は一九七二年の論文で、科学と政治の交錯する領域を「トランス・サイエンス」と呼び、「科学によって問うことはできるが、科学によって答えることのできない問題群からなる領域」と定式化している（小林傳司『トランス・サイエンスの時代　科学技術と社会をつなぐ』NTT出版、二〇〇七年、一二一―一二八頁）。
(26) 「特集　日本の原子力研究」『科学画報』一九五八年四月、三六頁。
(27) 「第二八回国会　衆議院　科学技術振興対策委員会議事録第十二号」、八頁。
(28) 「コールダーホール改良型　発電原子炉の問題点」『朝日新聞』一九五九年一〇月一四日。

(29)「第二八回国会 衆議院 科学技術振興対策委員会議事録第十二号」、六頁。「耐震設計の見通しつく コールダーホール型原子炉」『朝日新聞』一九五八年三月二九日。なお地震班は、武藤清東大教授、那須信治東大教授、内藤多仲早大教授、久田俊彦建築研究所部長、梅村魁東大助教授、川畑整理東京電力次長、の六名であった。この地震班のメンバーは原子力委員会の地震対策小委員会から選ばれた。そこには、対震構造の研究者のほか、東京電力、中部電力、関西電力などの電力会社。東芝、三菱、昭和電工などのメーカー。清水建設、鹿島建設などの建設会社から代表者が加わっていた。

(30)武藤清「安全度は十分保てる 「コールダーホール型原子炉」で回答」『朝日新聞』一九五八年三月二九日。

(31)坂田昌一「日本学術会議第二十六回総会から」『思想』一九五八年七月号、一四一頁。

(32)同右、一四二―一四三頁。

(33)同右、一四三頁。「安全性」概念の社会性に関しては、放射線の「許容量」についての武谷三男の議論がよく知られている。武谷は『原子力発電』(岩波新書、一九七六年)のなかで、「許容量」とは安全を保証する科学的概念でなく、あくまで社会的概念であって「がまん量」と呼ぶべきだと主張した。この武谷の議論の根底には、本文中に述べたコールダーホール改良型原子炉の議論があったと思われる。

(34)「原子力委員会の公聴会 コールダーホール改良型原子炉の安全性」『科学朝日』一九五九年一〇月号、四一頁。

(35)同右、四〇頁。

(36)同右。

(37)大塚益比古「コールダーホール改良型原子炉をめぐる最近の問題」『科学』一九五九年一一月号、三一―五頁。

(38)「本決まりの原子力発電炉」『朝日新聞』一九五九年一二月六日。

(39)坂田昌一「なぜ原子炉安全審査委員を辞めたか」『中央公論』一九六〇年一月号、二一三頁。

(40)「本決まりの原子力発電炉」『朝日新聞』一九五九年一二月六日。坂田、前掲論文、二一三―二一四頁。

(41) 坂田、前掲論文、二一五頁。

(42)「はしがき」日本原子力産業会議編『原子力発電所の安全性に関する解説　第四集　東海原子力発電所の安全審査のあらまし』日本原子力産業会議。

(43) 福田節雄「東海原子力発電所の安全審査にあたって」日本原子力産業会議編『原子力発電所の安全性に関する解説　第四集　東海原子力発電所の安全審査のあらまし』日本原子力産業会議、一九五九年、一四―一五頁。

(44) 例えば、「国産化の準備急げ　自民特別委コールダーホール型で」(『朝日新聞』一九五七年九月一二日)、「コールダーホール型炉能率良く安全　訪英調査団の調査結果」(『朝日新聞』一九五八年三月一八日)、「コールダーホール型に疑念　三氏が公述」(『朝日新聞』一九五八年三月一九日)、「コールダーホール型発電原子炉耐震構造の論争　発電炉の購入」(『朝日新聞』一九五八年四月二三日)、などがある。

(45) 広重、前掲書、二三〇頁。

(46) 樫本喜一「福島原発震災後の科学者の社会的責任」『科学』二〇一一年一二月、一二一八頁。

(47)「日本原子力平和利用基金　奨学制の合格者きまる」『原子力産業新聞』第七六号、一九五八年七月五日。

(48) 拙稿「科学雑誌は核エネルギーを如何に語ったか　一九五〇年代の『科学朝日』『自然』『科学』の分析を手がかりに」『マス・コミュニケーション研究』第七九号、二〇一一年。

(49)「原子力発電遠のく　米、英、ソなど計画遅れる」『朝日新聞』一九五九年一月九日。

(50) 竹下俊郎『メディアの議題設定機能　マスコミ効果研究における理論と実証』学文社、一九九八年、三―四頁。

(51) 見田宗介『現代社会の理論　情報化・消費化社会の現在と未来』岩波新書、一九九六年、五四―六一頁。

(52) 小林直毅「総説「水俣」の言説的構築」小林直毅編『「水俣」の言説と表象』藤原書店、二〇〇七年、六一―六二頁。
(53) 「参考人が慎重意見　発電用原子炉の導入」『朝日新聞』一九五九年一二月一二日。
(54) 「原子力移民船の計画　日本発表」『朝日新聞』一九五八年九月四日。
(55) 「各国とも反省期に　発電でも基礎研究を尊重」『読売新聞』一九五八年九月三日。
(56) 「消えた「アトムの神話」　原子力国大会議を顧みて」『読売新聞』一九五八年九月一三日。
(57) 「原子力発電遠のく　米、英、ソなど計画遅れる」『朝日新聞』一九五九年一一月九日。
(58) 「原子力研究所をみる　無気力な若い所員」『朝日新聞』一九五九年一一月二四日。
(59) 嵯峨根遼吉『原子力の平和利用』財団法人郵政弘済会、一九五八年、五三頁。
(60) 樫本喜一「都市に建つ原子炉　日本原子力平和利用史のミッシングリンクが暗示する安全性のジレンマ構造」『科学』二〇〇九年一一月号。
(61) 「社説　関西の原子炉設置に解決を」『朝日新聞』一九五九年一一月九日。
(62) 茨木市史編纂委員会編『新修　茨木市史　第六巻　史料編　近現代』茨木市、二〇一一年、八五一—八五二頁。

第Ⅲ部　被爆地広島の核エネルギー認識

第六章　被爆地広島を書く

第Ⅰ部・第Ⅱ部とは異なり、第Ⅲ部では、被爆地広島に焦点を当て、核エネルギー言説を分析する。第Ⅰ部と第Ⅱ部では、知識人とメディアによる言説編成がいかに「被爆の記憶」と「原子力の夢」を立ち上げ、それらがどのように変化したのかという問題に焦点を当ててきた。ただし、社会に流通したメディア言説に注目するだけでは、戦後日本の核エネルギーに関する輿論の変容、あるいは地域ごとの位相差を提示できたとは思えない。

第六章では、これまでの本書が扱えなかった小説作品（これもまた多様な言説の様態の一つである）を対象に、占領下において被爆言説が生み出される過程を分析する。具体的には、阿川弘之と大田洋子の作品を分析していく。

阿川弘之の小説作品の分析に際しては、原爆や被爆地や被爆者についての「語り」の構造を抽出し、そこに見出される占領初期の言説空間における非体験者の被爆認識を分析する。作者という特定個人の思想や認識を明らかにするというよりも、作品内の「語り」の構造に着目するのである。

自身も被爆者であった大田洋子の小説作品の分析に際しても、作品内の「語り」の構造に注目するが、それよりはむしろ、自らの被爆体験を言語化する際に大田が直面した問題に重点を置く。第一章で占領下の言説を科学者に注目して分析した際、プレス・コードの影響から「被爆の記憶」は輿論としてほとんど表面化しなかったと指摘した。それは確かにその通りなのだが、「被爆の記憶」を書くという実践をすくい取る作業なしに、表れたものだけで輿論を語る姿勢には限界があろう。その意味でも、本章における小説作品の読解は欠かせないものである。

阿川弘之の「年年歳歳」と「八月六日」

阿川弘之は広島原爆を題材にした短編小説、「年年歳歳」(『世界』一九四六年九月号)と「八月六日」(『新潮』一九四七年一二月号)を発表している。「原爆文学」の代表的作品として頻繁に言及される大田洋子『屍の街』(中央公論社版、一九四八年)と、原民喜『夏の花』(初出は『三田文学』一九四七年六月号)よりも早い時期に広島原爆を扱っているにも関わらず、占領下に発表された阿川の両作品が「原爆文学」としてカテゴライズされる機会は、大田洋子と原民喜に比べると少なかったといえるだろう。また、阿川の作品が「原爆文学」の領域に入れられた場合でも、重視されるのは広島に取材して被爆者の実態を描いた『魔の遺産』(新潮社、一九五四年)であって、「年年歳歳」と「八月六日」は紹介される程度にとどまってきた。(1)

体験者が原爆被害を克明に書いた作品や、アメリカの投下責任、日本の戦争責任をテーマにした作品が「原爆文学」とみなされてきた傾向は否定しがたく、阿川の作品はその範疇に入らないものとされてきたのかもしれない。いずれにせよ、阿川の作品は、一九八〇年代前半に「核戦争の危機を訴える文学者の声明」の署名者たちが企画、編集した『日本の原爆文学』(全一五巻、ほるぷ出版、一九八三年)からは排除されている。(2)阿川は軍人を主人公にする小説を書き、保守系の論壇で活躍し始めていた。さらに、「核戦争の危機を訴える文学者の声明」を、戦争協力を目的に文学者たちが集まった日本文学報国会による会議になぞらえ、署名を見送っていた。(3)これらの事実が、『日本の原爆文学』からの排除に関係していたのだろうか。それはわからないが、少なくとも管見の限りでは、「年年歳歳」を扱った論考は見当たらず、「八月六日」についても、ジョン・W・トリートの『グラウンド・ゼロを書く　日本文学と原爆』にわずかに言及がある程度である。(4)トリートによる「八月六日」の分析は短いながらも重要なものであるため後に検討するが、さしあたっては、「年年歳歳」の分析から始めることにしたい。

復員兵が見た被爆地広島

阿川は一九二〇年に広島市に生まれ、旧制広島高等学校を経て、東京帝国大文学部国文科を卒業。その後、海軍に入隊した。一九四五年八月六日は従軍先の漢口におり、広島の惨状を知ったのは一九四六年三月に復員してからであった。この頃すでに小説家を志していた阿川は一九四六年四月には上京して執筆活動に入った。そして、谷川徹三と志賀直哉の推薦で初めての短編小説を、当時まだ創刊して間もない『世界』に発表するのである。新人作家にしては異例の抜擢であった。その作品が、復員後の広島での家族との交流を描いた短編「年年歳歳」である。

一九四六年九月という早い時期に発表されたこの短編は、原爆被害に関する描写が検閲によって事前削除されている。(5) 削除部分は主人公の道雄と甥の浩が歩きながら会話している以下の場面である。

「比治山へ逃げて、たどり着いてから緑色のげろを吐いて沢山死んで行ったたって。それからね、広島の娘さんをお嫁にもらうと三本足や一つ眼の子供が生まれるかも知れないんだって」

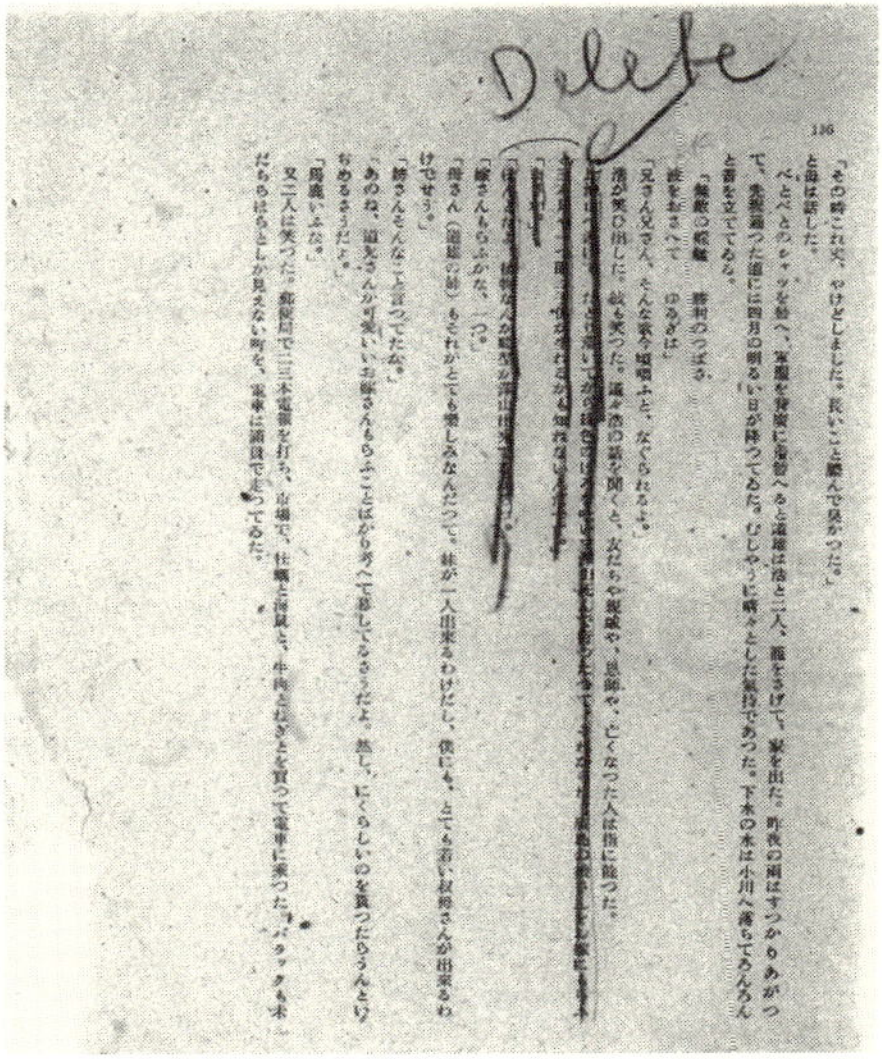

図18　阿川弘之「年年歳歳」検閲箇所

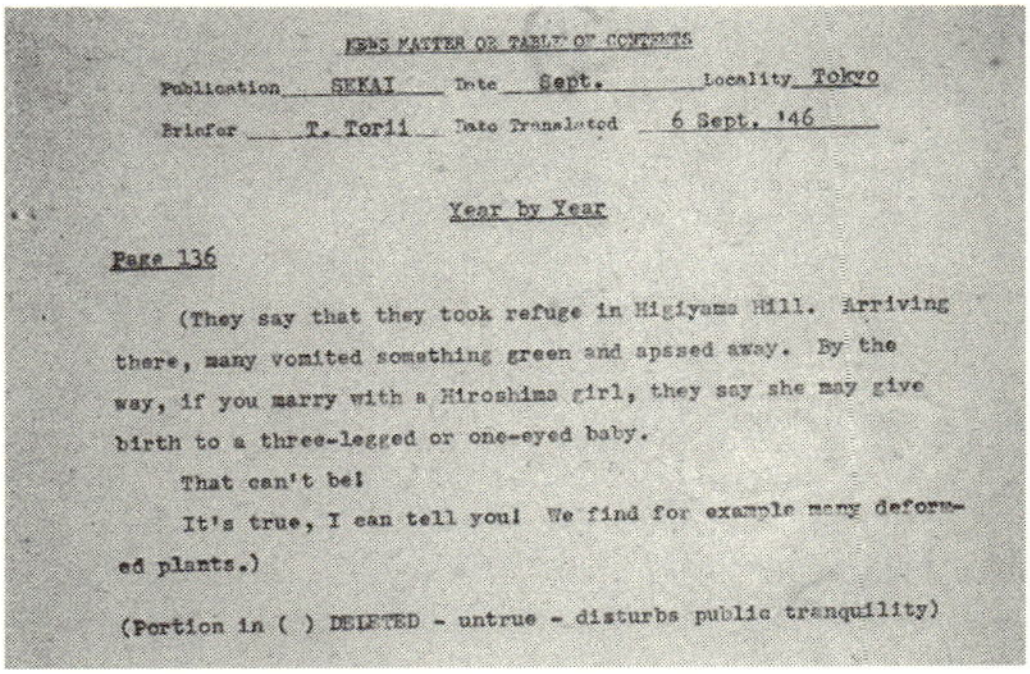

NEWS MATTER OR TABLE OF CONTENTS

Publication ___SEKAI___ Date ___Sept.___ Locality ___Tokyo___

Briefer ___T. Torii___ Date Translated ___6 Sept. '46___

Year by Year

Page 136

(They say that they took refuge in Higiyama Hill. Arriving there, many vomited something green and apssed away. By the way, if you marry with a Hiroshima girl, they say she may give birth to a three-legged or one-eyed baby.

That can't be!

It's true, I can tell you! We find for example many deformed plants.)

(Portion in ( ) DELETED - untrue - disturbs public tranquility)

図19　阿川弘之「年年歳歳」検閲文書

「まさか」
「ほんとだよ。植物なんか、畸形がもう出来てるからね(6)」

この部分が、虚偽の記載・公安を妨げる(untrue-disturbs public tranquility)という理由で削除されていた。阿川が、畸形について云々することで偏見を助長しようという意図をもっていたとは思えない。当時流布していた風説をそのまま書いたということなのかもしれない。いずれにせよ一九四六年当時に削除された表現は、被爆と生物の畸形との関係性についての言説が、広島では科学的根拠が不確定のままに、ある程度共有されていたのではないかと推測する手がかりになり得る。

しかし、上記の部分が削除されたことによって、被爆地広島に残る生々しい傷痕は後景に退き、当時宮本百合子が「ひねくれのない、素直な、おとなしいまともさ」と批評したような、淡々とした筆致が前面に出る作品となった。

復員列車が故郷の広島に入ったときの描写を見てみよう。

「綺麗なもんだ」

彼はなるべく落ちつくようにした。何もありはしなかった。家の辺りも北の果から南の果へ同じ焼野原である。昔は汽車からみえなかったビルディングの残骸がぽつんぽつんと

見えた。焼けただれて黒く尖った木々の姿は不気味であった。同情していてくれた兵士たちは黙った。(7)

電車を降りてから両親を探して市内をあるく主人公の視界には、後世の日本人がしばしば特別視してきた「被爆者」の姿はなく、ただ「戦災者」がいるのみである。

教えられた谷という親戚の家に行ってみると、そこではおじいさんと主人とが爆撃の日に即死し、女子供だけが残って、バラックに住んでいた。色々話を聞いた。姉も甥も確かに無事だった。満洲にいた兄も、終戦の一箇月前北京に転勤していた。彼は何かに恵まれているような気がした。(8)

「原爆投下」ではなく、「爆撃」と書かれることで、「被爆者」の位相が「被災者」のそれへと近づいていく。原爆被害もまた戦災の一つとして諦観を持って受け入れようとする認識は、放射線障害に関する知識が広まっている現代から見るとやや無自覚であるともいえるが、しかしそれゆえに、主人公の認識に、被害の実態についての知識を持たなかった一九四六年当時の人間の認識の反映をみることも可能であろう。

広島出身の作家文沢隆一（自身は被爆体験を持たない）は、身近な友人達の死因が原爆症だったと知ったのは、戦後十年以上経過してからであったと回想し、次のように書いている。

信じられないかもしれないが、当時の世情で、病気や死亡はごく普通の出来事であった。(中略)こうした世情は、被爆者にとって、いちだんときびしい生き方を強いたが、それは今日考えられているほど際立ったことではなかった。被爆者以外にも、たとえば、外地からの引揚者や戦災者、そして戦争未亡人など、戦争の後遺症はいたるところに転がっていた。[9]

占領下の広島では放射性障害の知識が十分に周知されておらず、被爆者を特別視するような風潮もそれほど強くなかったという視点は重要ではなかろうか。もちろん、検閲による削除部分が示すように、「広島の娘さん」を畸形との関係で特別視する視点が存在したことは忘れてはならない。しかしその点も含めて、復員兵である主人公の認識は、当時の原爆を知らない人びとの認識と相似形をなしていると考えられる。

非体験者が語り直す「体験者の記憶」

では、「年年歳歳」における原爆被害に関する叙述を検討してみよう。以下は、主人公が母親の「みにくい火傷のただれ」について訊き、母親が応じる場面である。

「お母さん、その傷は?」

「ああ、この傷?」

母は爆撃の朝、窓に向って新聞を見ていた。不意に青い、目のくらむような光が閃いたと思うと、途方もない風が来て、家は傾き、からだは投げ出されて、白内障の手術後掛けている分厚い眼鏡がどこかへ飛んだ。

「お父さんお父さん」と呼ぶと、どこかから、「おいおい、俺は此処におる、此処におる」という声がした。見ると自分の右の肩から袖へ着物がちろちろと火を吐いている。急いで着物を破り捨てた。その時は何故か解らなかったが、原子爆弾の閃光で発火したのだ。

「それでこれだけ、やけどしました。長いこと膿んで蠅がたかって臭かった」

と母は話した。(10)

このように、母親による原爆投下直後の語り直しの部分が、主人公の視点によって媒介され、再構成されている。おそらく、引用部にある母親の体験を語り直す部分(「母は爆撃の朝」から「急いで着物を破り捨てた」まで)だけでは、それが原子爆弾による被害だとは伝わらない。確かに「青い、目のくらむような光」は原子爆弾の特徴だと言われるが、それだけでは読者に伝わるかどうか不安だとでもいうように、語り手は「その時は何故か解らなかったが、原子爆弾の閃光で発火したのだ」という一文を付け加えている。

むろん、ここに非体験者である阿川の葛藤を読み込むことも可能であろう。非体験者である阿川自身が、母親の一人称の「語り」で被爆体験を書くことは、たとえフィクションの形式であっても困難であったのかもしれない。しかし、占領下のプレス・コードによって制限された言説空間に置き直すことで、このテクストは異なる様相を帯びる。

引用部の非体験者によって再構成された「語り」の構造からは、被爆者の証言を奪うようなかたちでしか被爆体験が公表できなかった、占領下の言説空間との対応関係が見えてくる。被害を書かず、被爆者の「証言」も書かなかった「年年歳歳」は、ひとりの復員兵、それも被爆の実態を知らない復員兵が、被爆地広島をどのように受け止めたのかということを示しているように思われる。そして、この復員兵の眼はやはり、被爆者やその周囲の人間を除く当時の多くの人々による被爆地広島への眼差しと対応していたのではないだろうか。

「八月六日」の再構成

短編小説「八月六日」（『新潮』一九四七年一二月）は、「父」「娘」「息子」「母」の四人による手記を並置した構成になっている。冒頭で「原子爆弾で死んだ人々の三回忌が近くなった」とあるように、原子爆弾を扱った作品であることを披露している。発表の経緯に関して阿川は、「文学作品に対する進駐軍の検閲がきびしかったことで、雑誌『新潮』の編集長から、「パスするかどうか分らないが、とくかく組んでみる」と言われた。後遺症の問題にも触れていないし表立ったアメリカ批判もしていなかったので、どうにか検閲を通過して発表できた」と回顧している。[11]

この「八月六日」が「年年歳歳」と異なる最大の点は、短く抑制されたかたちであれ、八月六日の惨状が、それぞれの登場人物たちによる手記という一人称の「語り」で記されている点である。証言がなかった「年年歳歳」とは正反対に、「八月六日」は証言のみで構成されている。小説は、「父の手記」、「娘の話」、「息子の手記」、「母の話」、「父の追記」という五つのパートからなる。「原子爆弾を体験した知人友人の話を、一つの被災経験のかたちで構成してみた」[12]とあるように、阿川は八月六日に関して「知人友人の話」の再構成に専心している。この点について、トリートは以下のように述べている。「黒澤明の著名な映画「羅生門」とは異なり、「八月六日」の各記述は互いに矛盾しておらず、むしろ共有されているある体験を「主観的に」再構成して、多様な形で語り直したものにすぎない。したがって阿川は、非常に個人的にならざるを得ない証言的な記述によって、ヒロシマがその重大な歴史的意味を失った物語になるのを避けて、しかも同じ証言の方法を用いることでもたらされる誠実さは失わないように努めたのである」[13]。確かに、「八月六日」を成立させた阿川の再構成は、物語化や過度な描写を避けつつ被害を伝えようとしている点で「誠実」であるかもしれない。しかし、そのような理解では、再構成作業の過程で作動していた力学を見落としてしまいかねない。

再構成作業の過程で作動していた力学とはどういうことか、以下の分析で明らかにしたい。まず、被爆直後の様子がいかに書かれているかをみてみよう。

その明りでふと見ると、戦闘帽をかむっていた人たちは、帽子の所だけがまともに残り、そのほかの顔の皮は、枇杷をむいたように一面にたらりとむけて、頬や頸のあたりから垂れ下っております。手も大勢の人が皆同じように、つるりとむけた皮を垂らして、幽霊のように胸の前へ二つぶらぶら下げて、うろうろしているのが見えました。その桃色が実にぞっとするような色で、お父様が実際以上の大げさなことは書かない方がいいと仰有るのですが、わたしはほんとうに地獄だと思いました[14]。

このような被爆直後の描写が、後に確認する大田洋子の描写と明らかに異なるのは、語ることへの戸惑いやもどかしさが、語り手の口から表明されないという点である。それは非体験者の阿川が、自らの記憶ではなく、体験者から聞いた情報を再構成しているためであろう。語り手は、語ることへのためらいをみせているが、引用文の最後の一文のなかの「お父様が実際以上の大げさなことは書かない方がいいと仰有るのですが」という部分にあるように、語り手の「娘」にとって外在的な「父」という要因によってである。

この小説は、「父の手記」に始まり、「父の追記」で終わっており、それぞれの手記を父親が並び替えて提示したものとして読むことができる。いわば編纂者である父親が、被爆の悲惨をありのままに書こうとする娘を「実際以上の大げさなことは書かない方がいい」と制限しようとするのだ。この力関係は、家父長制の権力関係というよりも、占領軍と占領下日本のアナロジーとして読むべきである。阿川の意図は別にして、「八月六日」は、占領下において被爆地広島を書くことを小説化していると考えられる。

阿川弘之の「年年歳歳」と「八月六日」を「語り」の構造に注目しながら読解することで、両作品がそれぞれ、占領下日本における被爆者の声の略奪と、被爆の実態を見えないようにする占領軍の抑圧とを示してしまっていることが明らかになった。

大田洋子の『屍の街』

体験者である大田洋子が書いた原爆投下の瞬間とその後の広島は、非体験者の阿川弘之が書いたそれらと、どのように異なっているのだろうか。体験の有無は、「原爆文学」という形式における原爆の「語り」に、いかに作用しているのだろうか。

大田洋子は、一九〇三年に広島市で生まれた。一九三九年に「海女」が『中央公論』の懸賞小説に入選し、一九四〇年には「桜の国」が『朝日新聞』の懸賞小説に入選したことから、作家生活に入った。その後、大田は一九四五年一月に広島に戻り、白島九軒町（爆心地より一八〇〇メートル）で被爆した。一九四五年八月三〇日の『朝日新聞』には、被爆体験に関してのエッセイ「海底のような光　原子爆弾の空襲に遭って」を寄稿している。占領軍による検閲が始まる前の文章である。

広島市が一瞬の間にかき消え燃えただれて無に落ちた時から私は好戦的になった。かならずしも好きではなかった戦争を、六日のあの日から、どうしても続けなくてはならないと思った。やめてはならぬと思った。戦いの推移を、父の友人の医者の家で、傷の手当をうけながらきいた。私は両手でお腹を抑え床にしゃがみ込んで、ぼろぼろと涙を流した。あの激烈な原子爆弾からうけた衝動にくらぶべくもないほどの激しい驚きであった。(15)

ここでは、被爆後の「無」をなんとか有意味なものに転化したい、そのためにも戦争を続けてほしかったという切実な心情が吐露されている。また、敗戦の知らせが「原子爆弾からうけた衝撃にくらぶべくもないほどの激しい驚き」であったとも記されている。少なくともこの文章を書いた時点の大田は、原爆投下よりも敗戦をより重く受け止めていたようである。その後の大田が八月六日を想起し続けながら、敗戦にはさほど言及しなかったことを思えば、占領軍到着以前の広島における、戦時意識の継続を読み取ることができるかもしれない。[16]

大田洋子が自らの被爆体験を、集めた障子紙やわら半紙に書き上げたのは一九四五年の一一月、疎開先の佐伯郡佐伯町においてであった。しかしこの原稿が『屍の街』として刊行されるのは、一九四八年一一月のことであった。ようやく中央公論社から発行された『屍の街』は、事前検閲で「無欲顔貌」の章が全編削除されたほか、他の章も大幅に削られる不完全なものであった。序文と原爆についてのエッセイも加えた完全版の出版は、一九五〇年の冬芽書房版を待たねばならなかった。[17] なお、本章はこの冬芽書房版をテクストにする。

新しい表現の模索と「記録文学」

大田が自らの体験を小説化するにあたって直面した問題は、言葉とその指示対象の不一致の問題であった。大田にとって、被爆体験を書くということはすなわち「新しい描写の言葉を創」ることであった。

なんと広島の、原子爆弾投下に依る死の街こそは、小説に書きにくい素材であろう。それを書くために必要な、新しい描写や表現法は、容易に一人の既成作家の中に見つからない。私は地獄というものを見たこともないし、仏教のいうそれを認めない。人々は誇張の言葉を見失って、しきりに地獄といったし地獄図と云った。地獄という出来あいの、存在を認められないものの名で、そのもの凄さが表現され得るものならば、簡単であろう。先ず新しい描写の言葉を創らなくては、到底真実は描き出せなかった。(18)

小説の体をなしていない手記、あるいは断片にすぎないと作者自身によって言われる「屍の街」であるが、しかし「不十分」な作品であることによって、かえって大田洋子が目指した「新しい描写の言葉」を獲得していたと考えられる。

佐々木基一は河出市民文庫版『屍の街』の解説で、そのことを指摘している。やや議論を先取りすると、佐々木が『屍の街』に見出した新しさと、本章が見出すそれとは異なるのだが、まずは佐々木の主張を追ってみたい。佐々木は、『屍の街』に挿入された、原子爆弾に関する科学者たちの報告や、終戦後にやってきたアメリカの調査団の談話（それは大田洋子自身がなんとか事態を把握するために切り集めていた新聞記事からの引用である）に注目し、「作者は全く新しいそうした事件を描くための新しい小説の形式がみつからぬと嘆じているが、ほとんど作者が小説として考えなかったこの手記が、そのままの形で新しい形式への萌芽を示していると言えるのである」(19)と述べた。ただし、ここで見誤ってはならないのは、佐々木がいう「新しい形式」が「記録文学」を指したということである。佐々木基一は以下のように『屍の街』を評価している。

作者が強い訴えかけの意欲をもち、主張をもつこと、それが現実の事件という立派な素材に支えられていること、そのことが文学作品の価値を決定するもっとも重要な要素である。『屍の街』はこの意味で戦後に現れた記録文学の中で、注目すべき作品である。[20]

このように『屍の街』における「新しい形式」は、佐々木によって「記録文学」として理解された。原爆を描いた小説が「記録文学」として語られるこの構図は、花田清輝の評論においても見出すことができる。「現地報告というやつは貴重なものに違いない」としながらも、原爆を描いた日本の小説が芸術的表現足り得ていないことを指摘した花田もまた、被爆の描写を「記録」として理解していた。[21]トリートは、「屍の街」に寄せられた記録や記録文学などのレッテルに関して、「これらの言葉はみなこの作品が事実に基づく内容であると認め、その事実性が想像性や演劇性に勝ることを認めた」としている。[22]トリートの主張は確かに頷けるが、しかし、佐々木基一が前述のような評価を行った一九五〇年代において、「記録」の語は「事実性」に留まらない意味を持っていた。ここではそれを確認しておこう。

鳥羽耕史によれば、戦後の文学思潮においては、私小説や自然主義に対する嫌悪が強く、それらに代る新しいリアリズムを確立する方法論として「記録」にかけられた期待は高かった。[23]

また、一九四九年は「記録文学」の翻訳が読書会の話題をさらった年でもあった[24]。このような状況において、『屍の街』は刊行されたのである。そのため、大田が志向した「新しい描写の言葉」は体験者による「記録文学」として受容されたのだと推察できる。もちろん、「屍の街」のすぐれた「記録」性は疑うべくもない。しかし、本章では一九五〇年代初頭の文化背景が刻印された「記録」、つまり新しいリアリズムの獲得が含意された「記録」ではなく、言葉による自らの記憶の再構成としての〈記録〉に注目したい。では、この〈記録〉に注目することで、従来とは異なるどのような点を明らかにできるというのだろうか。

記憶を言葉によって再構成するとき、人は既存の文体やプロットやレトリックのなかにその記憶を落とし込まざるを得ない。もし記憶を「ありのまま」に言語化しようとしても、それはほとんど意味をなさないイメージの断片以上にはなり得ないし、それとて始まりと終わりがある以上、断片の順番や組み合わせといった再構成が必要とされる。大田が「真実は描き出せなかった」というときの「真実」とは、大田の内部にのみあり、書くと失われてしまう体験の記憶のことであろう。しかし、言葉によって再構成される前の記憶の中にしか原爆体験がないというわけではない。大田は新聞記事に掲載された他者の言葉のなかに原爆体験を見出した。

私どもはなんの苦痛も感じないまま、暫く健康を保っていて、いきなり定型的な症状をあらわすのだ。

定型的な症状というのは、研究にあたった学者たちによって、広島の中国新聞に次のように発表されている。

発熱、
脱力、
食慾不振、
無慾顔貌、
脱毛（ひきちぎったようで毛根がついていない）
出血（皮膚点状出血、鼻出血、血啖、喀血、吐血、血尿など）
口内炎（とくに出血性歯齦炎）
扁桃腺炎（とくに壊疽性扁桃腺炎）
下痢（とくに粘血便）
など。(25)

すでに紙面のなかで文章化され流通している被爆体験を「屍の街」に挿入すること、それは、記憶の「真実」を〈記録〉するために必要な作業であった。つまり、先に文章化され事実として認識されている新聞記事を手掛かりにすることで、大田は、脆くも崩壊してしまいそうな〈記録〉の組み立て作業を遂行することができたのである。

大田が、自ら目指した「新しい描写の言葉」を獲得できたとは思えないが、〈記録〉化の苦闘は、先行する原爆関連のテクストを引用するという手法、つまり、後に阿川弘之や林京子が行うことになる「原爆文学」の手法を開いたのだとはいえるだろう。

『屍の街』の時空間と「語り」の構造

阿川の「年年歳歳」が「復員兵の視点」による被爆地広島の再構成であったとすれば、大田の「屍の街」は、いわば「従軍記者の視点」による被爆体験の再構成であった。「従軍記者」は、文字通り軍隊に同行しながら、しかし軍隊と完全に一体化することなく、戦況を書く者である。戦況を媒介し、伝達するためには、自らが軍隊の一部となって戦闘に参加するわけにはいかない。大田もまた、被爆者の中の一人であるが、無名の被爆者たちとは決して一体化することなく、被爆の事実を書かねばならなかった。ただし、戦況をある程度魅力的に伝え、想定される読者を魅了するような形で書くこともできた「従軍記者」とは異なり、大田洋子は被爆地広島を、決して読者を魅了するように書くことはできなかった。

死体はみんな病院の方へ頭を向け、仰向いたりうつ伏せたりしていた。眼も口も腫れつぶれ、四肢もむくむだけむくんで、醜い大きなゴム人形のようであった。私は涙をふり落としながら、その人々の形を心に書きとめた。

「お姉さんはよくごらんになれるわね。私は立ちどまって死骸を見たりはできませんわ。」

妹は私をとがめる様子であった。私は答えた。

「人間の眼と作家の眼とふたつの眼で見ているの。」

「書けますか、こんなこと。」

「いつかは書かなくてはならないね。これを見た作家の責任だもの。」[26]

最後の鍵括弧の中の文章は、大田の決意を示すものとして度々引用されてきた。この時の大田がほんとうに「作家の責任」を口にしたのかどうかはわからないが、自らが作家であるという誇りにも似た強い自覚が、大田をして『屍の街』執筆に向かわせた原動力であることは間違いない。しかし、強固にみえたこの原動力は広島の惨状を前に、例えば以下のように、しばしばゆらぐことになる。

私はもはや死体に馴れていた。誰でもそうであった。六日の当日にさえも、人々は自分の深い負傷にたいした苦痛も感じないし、心にはまったく苦悶が浮かばなかった。生きているような子供のきれいな死体にも、頽れはじめた死体にも、死体自身にどれほどの苦悩もなかったし、傍を通る者たちにも苦悶は甦らなかった。私たちはてんでこの有様を戦争に結びつけては考えていないのだ。その思考力さえもうしなっている風だった。そのくせ眼からは絶えず涙がふきこぼれていた。(27)

なぜ生きているのだろう。ふしぎであり、どこかに死んだ私が倒れていないかと、ぼんやりした気持ちであたりを見たりした。(28)

一つ目の引用は感覚の混乱と麻痺を、二つ目の引用は希薄になった現実感を表している。両者はともに、一瞬にして異なる様相を帯びた世界に対応できず、居場所を失ってしまった者が持つ自己疎外の感覚に根ざしている。『屍の街』を書く大田は、「作家の責任」と自己疎外の感覚の間を、行き来し続けることになる。

では、ここで『屍の街』の時間構造を確認しておこう。最初の章である「鬼哭啾々《きこくしゅうしゅう》の秋」は、一九四五年九月の下旬から語り起こされている。前述したように『中国新聞』に掲載された被害状況の記事などを引用しながら、脱毛や歯茎の出血、皮膚の斑点など具体的な症状の記述を積み重ねていく。続く「運命の街・広島」では、広島の歴史、地理が概観されたあと「このような街に、真夏のある朝、思いがけなく不気味な光が、空からさっと青光ったのだった」と記され、次章の「街は死体の襤褸筵《ぼろむしろ》」、続く「憩いの車」の章においては、八月六日の惨状から、大田とその家族が田舎に逃れ、何とか生活感を回復していく過程が書かれる。そして「憩いの車」の最後からは、小説内の時間は語りの起点である九月下旬頃に戻り、再び新聞記事と向き合いながら原爆を理解しようとする大田の内的過程が語られていく。

このように、この小説は大田洋子が実際に『屍の街』を書きはじめた一九四五年の九月末から語り起こされ、八月六日に戻り、そこからまた執筆時の九月末に到達し、そこから時間が再び進んで一〇月に達するという時系列で語られている。そして新聞記事が挿入されるのは、九月末以降の部分に限られている。

続いて、『屍の街』の「語り」に注目してみよう。

トリートが指摘したように、この小説は一貫して語り手の「私」を通して語られている。小説内のすべての情報は「私」を経由して、読者である私たちに提示されている。しかも、それでいて、「私」は繰り返し、体験を理解することの不可能性を云々するのであるから、確かにトリートが「読者は特権を取上げられ、無用な状態に置かれている。『屍の街』の一つの目的は、被爆者の代わりに、まさに私たち読者を余分で不要な者にすることであるかもしれない」と述べているとおりであるかのように思われる。[29] トリートが行った語り手と読者の関係についての分析は、『屍の街』という小説内に限ってのものであるが、占領下の言説空間内で、特定の核エネルギー関連の言説が如何なる力学として作用していたかを分析しようとする本書にとっても、極めて有効な分析である。つまり、被爆者がその言説空間において象徴的な力を有しているということ。被爆の苦しみを伝えることができないがために記憶の占有者であらざるを得ず、そのため常に稀少性を身にまとい、望むと望まざるとにかかわらずその言葉は異論の封殺や同調圧力といった力学として作用してしまうケースがあるということ。この象徴的な力はプレス・コードが存在する占領下においては顕在化しなかったが、主権回復後の「原爆乙女」の報道や、原水禁世界大会のスピーチのような機会に噴出した。

ただし、『屍の街』の「語り」は、トリートの言うように読者を締め出す機能のみを果たしているわけではない。そうだとしたら、自己疎外を感じた作家の「語り」が、読者を疎外してしまうということになる。「原爆文学」において、読者は不要なものなのだろうか。そうではない。最後の「晩秋の琴」の章では、以下の引用のように、「作家魂」という「私」の「語り」の原動力が回復しつつあると述べられている。ここに至って、読者は語り手の回復に同伴していたことに気づかされる。

私のうちに作家魂の焔が燃えてくることを感じはじめて幸福である。長い冬籠りに虐げられて来た者のみが感得する、あの激しい感動が私をゆりうごかす。原子爆弾の遭難から、種々様々なものが私の心身に派生したが、すべての嘆きは、いつか濾過機に入れられた水が濾されて、きれいな水だけがしたたり落ちるように、作家魂一本が生のまま残る気がしている。(30)

これを文士気取りの嫌味な独白として理解してはならない。読者の存在があるからこそ、回復の過程が書かれ、それがあるからこそ、『屍の街』は単に被害を書いた記録文学の枠を越えた作品になり得たのだ。

本章では、阿川弘之と大田洋子の作品を「語り」の構造に注目しながら読解した。それぞれの作品は、敗戦国日本と占領軍の関係、占領下における被爆体験者と非体験者の原爆認識の位相差、被爆者の「語り」が時として有してしまう「権力」、そして被爆者と読者（読者を非体験者と言い換えても良い）の関係から生まれる回復といった問題を書いていた。これらの問題点は、本書のこれまでの議論とも無縁ではない。非体験者が被爆者といかなる関係を切り結ぼうとしてきたのかを考察する際にも、念頭に置くべき問題点であろう。

註

（1）長岡弘芳『原爆文学史』（風媒社、一九七三年）や、岩崎清一郎『広島の文芸　知的風土と軌跡』（広島文化出版、一九七三年）、水田九八二郎『原爆文献を読む』（中央公論社、一九九七年）が「年年歳歳」と「八月六日」を紹介している。

（2）ただし、『日本の原爆文学15　評論／エッセイ』の巻末に添付された黒古一夫作成の年表には、阿川の両作品が記載されている。

(3) 「文学者の反核声明＝私はこう考える」『すばる』一九八二年五月号、一五頁。
(4) ジョン・W・トリート『グラウンド・ゼロを書く　日本文学と原爆』水島裕雅、成定薫、野坂昭雄監訳、法政大学出版局、二〇一〇年、一〇八頁。
(5) 堀場清子『原爆表現と検閲　日本人はどう対応したか』（朝日新聞社、一九九五年）が一四四頁でこの検閲について指摘しているが、検閲による削除部分が一部省略されている。また、この検閲の存在については、小沢節子氏にご教示いただいた。
(6) 国立国会図書館憲政資料室所蔵（メリーランド大学原所蔵）、プランゲ文庫、VH1－S753、『世界』一九四六年九月号の検閲文書より。
(7) 阿川弘之『阿川弘之自選作品1』新潮社、一九七七年、三〇五頁。
(8) 同右、三〇七頁。
(9) 文沢隆一『ヒロシマの歩んだ道』風媒社、一九九六年、一六九―一七〇頁。
(10) 阿川、前掲書、三一〇頁。
(11) 阿川弘之『阿川弘之自選作品2』新潮社、一九七七年、三六九頁。
(12) 同右、三六九頁。
(13) トリート、前掲書、一〇八頁。
(14) 同右、一五六頁。
(15) 大田洋子「海底のような光　原子爆弾の空襲に遭って」『朝日新聞』一九四五年八月三〇日。
(16) 逓信病院の院長であった蜂谷道彦の『ヒロシマ日記』は、八月一五日の様子を次のように書き遺している。「日ごろ、平和論者であった者も、戦争に厭ききっていた者も、すべて被爆このかた、俄然豹変して、徹底的抗戦論者になっている。そこへ降伏ときたものだから、おさまるはずがない。すべてを失い裸一貫。これ以上なくなることはない。破れかぶれだ。／私も、彼らのいうように、徹底的に戦って、しかるのちに一死もって君国に殉ずるのが私の本分であると思った。私はさらに思った。疵だらけの見苦しい姿で生きながらえるよりは、殉国の華と散るほうがましだ。有終の美をなすことを忘れてはならぬと、心ひそかに自分で自分にいいきかせた。／降伏の一語は、全市壊滅の大爆撃より、遙かに大きなショックであった」（蜂谷道彦『ヒロシマ日記』朝日新聞社、一九五五年。引用は、蜂谷道彦『ヒロシマ日記』日本ブックエース、二〇一〇年、九〇頁）。降伏が原爆よりもショックであったという認識は、大田と共通するものである。

(17) わら半紙に書かれた草稿と中央公論社版および冬芽書房版との異同については、浦西和彦「解題」『大田洋子集1』（三一書房、一九八二年）に詳しい。また中央公論社版と冬芽書房版との異同については、亀井千明「昭和二五年版『屍の街』の文脈　大田洋子が見極めた被爆五年後」『原爆文学研究』第四号に詳しい。亀井は中央公論社版と冬芽書房版との異同から、大田洋子の原爆認識の変化を跡付けている。

(18) 「屍の街序」、引用は『日本の原爆文学2　大田洋子』ほるぷ出版、一九八三年、一三頁。なお、本章における『屍の街』の引用はすべて、冬芽書房版を底本としたこの『日本の原爆文学2』から行う。

(19) 佐々木基一「『屍の街』解説」河出市民文庫、一九五一年。引用は、『日本の原爆文学2』、三三八頁。

(20) 同右、三三八頁。

(21) 花田清輝「原子力問題に対決する二十世紀芸術」『世界文化年鑑一九五五』。引用は、『日本の原爆文学15　評論／エッセイ』ほるぷ出版、一九八三年、一九九―二〇一頁。

(22) トリート、前掲書、二八九頁。

(23) 鳥羽耕史『一九五〇年代　「記録」の時代』河出書房新社、二〇一一年、一〇―一一頁。

(24)「あちらのベストセラーズ宗教的修養書よまる　続く〝記録物全盛時代〟」『図書新聞』一九四九年一一月一日号。
(25) 大田、前掲「屍の街」、一二一頁。
(26) 同右、六〇頁。
(27) 同右、七七頁。
(28) 同右、四一頁。
(29) トリート、前掲書、二九三頁。
(30) 大田、前掲「屍の街」、一一四頁。

第七章　ローカルメディアの核エネルギー認識

第七章では、広島の文芸誌やサークル誌といったローカルメディアに焦点をあてる。地域の文芸運動において重要なメディアであった文芸誌やサークル誌は、主に小説や詩歌、文芸評論を掲載していたが、社会評論や政治評論が書かれることも多かった。共に読み、共に書くという空間のなかで、ローカルメディアに集った人々の核エネルギーに関する認識は、どのようにして形成され、共有されていったのだろうか。そこでの議論は、地方のマスメディアとどのような関係にあったのだろうか。

地方のマスメディアである『中国新聞』に関しては研究の蓄積が存在する。(1) しかし、市井の人々が編集・発行していたローカルメディアにおける議論は、これまでほとんど顧みられることがなかったのではないだろうか。(2) 地方文芸誌『広島文学』(一九五一年一一月〜一九五九年五月、全一五号)とサークル誌『われらの詩《うた》』(一九四九年一一月〜一九五三年一一月、全二〇号。ただし第七号と第八号は合併号のため、全一九冊)、そしてその後継誌を自認した『われらのうた』(一九五四年一一月～一九六三年六月、全五六号)の三誌を取上げ、そこに集った人々の人的ネットワークを重視しながら、それぞれの雑誌メディアの核エネルギー認識を分析していく。

そもそも、地方の文芸同人誌は、小説や評論といった文芸作品の習作を発表する場であると同時に、相互批評による切磋琢磨の場であり、時には東京の中央文壇への足掛かりの場でもあった。ただし、本章が取り上げる『広島文学』は、広島の文芸を高めるために、広島市の同人誌が結集したものであるため、同人誌というよりも地方文芸誌と呼ぶのが相応しいと考えられる。

これに対して、サークル誌とは、サークル運動の一環として編集・発行されていたメディアであった。[3] サークル誌は政治的信条の共有を図るという側面を持つメディアであり、その点で地方文芸誌とは本質的に異なっていた。しかし、少なくとも広島に限っていうと、文芸誌とサークル誌の間に交流がなかったわけではない。

本章が取り上げる『広島文学』と『われらの詩』は、互いに雑誌を贈り合っていたし、「われらの詩の会」と「われらのうたの会」が『広島文学』に詩を寄稿するという例も存在する。[4] メディアとしての性格は異なれど、同じ広島を拠点にしているということもあり、互いに協働していたと言えるだろう。

地方文芸誌『広島文学』の成立

戦後の広島における文学運動は、栗原唯一、貞子夫妻が中心になって一九四五年一一月に結成した中国文化連盟から語り始められることが多い。中国文化連盟が一九四六年三月に発行した『中国文化』の創刊号は「原子爆弾特輯号」と題されていたこともあり、いち早く原爆の問題を取り上げたメディアとして、そのインパクトは無視できない。栗原唯一による巻頭言には、「実に広島の原子爆弾は我々に平和をあたへた直接の一弾だった。もしそれがなかったら我々日本人は「最後の一兵まで」を合言葉に本土決戦を余儀なくされ、やがて文字通り日本民族はほろびたであろう」という文言があった。このことからもわかるように、『中国文化』の創刊は、原子爆弾の恩恵を認めた上でのものだった[5]。

原爆を特集した雑誌は『中国文化』だけではなかった。中国新聞社が発行していた総合雑誌『月刊中国』（一九四六年四月創刊）は、一九四六年八月号を「原子爆弾記念号」と題し、広島市の原爆被害統計とアメリカが当時ビキニ環礁で開始した核実験の記録、そして井上勇による評論「原子力と世界平和」を掲載した。当時時事通信社の取締役だった井上もまた、先にみた栗原唯一による「巻頭言」と同様、平和をもたらしたものとして原爆を位置づけている。異なるのは、産業利用について触れている点である。井上は、アメリカによる原子力国際管理交渉に

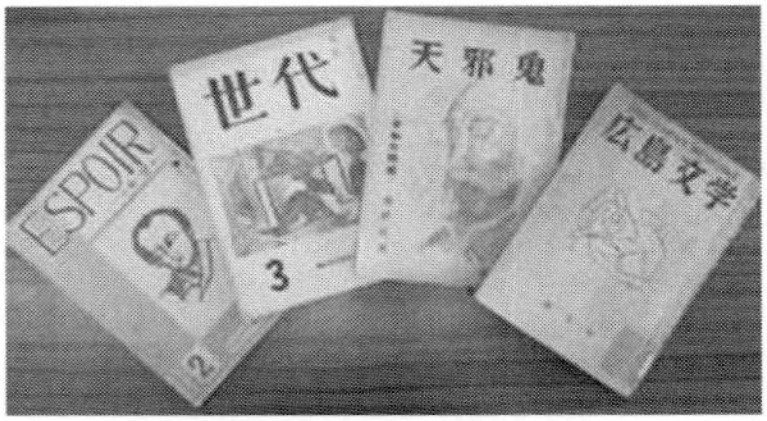

図20　広島のサークル誌・文芸誌

期待しつつ、「原子力を平和的目的に使用する可能性は拓かれている。それは産業上の技術的使用によって、人類の文化を飛躍的に発展せしめ得る。併しながらそれを戦争目的に使用するならば、人類の文化は痕形もなく破壊されてしまうであろう」としていた[6]。

占領下の広島において、文芸同人誌の交流に一役かったのが、総合雑誌『郷友』である。『郷友』は、東京の文芸同人誌『文芸首都』の広島支部が開催していた「小説勉強会」に対して作品発表の場を与えるだけでなく、一九四八年五月には『広島文学』という文芸雑誌を一号だけ発行している。また『郷友』第二十号（一九四九年七月）を特集「広島文学」と題して広島の文芸を盛り上げようとした。

『中国文化』や『郷友』が一九四八年に終刊した一方で、一九四九年から一九五〇年にかけての広島では、若い世代による同人誌の活躍が目立ち始めていた。ここでは『天邪鬼』と『世代』の二誌を挙げておきたい。

後に流行作家となる梶山季之らの同人誌『天邪鬼』は一九五〇年九月に創刊された。梶山は一九三〇年京城に生まれ、終戦後広島に引き揚げ、当時広島高等師範学校の学生であった[7]。「広島大学文芸同好会」に属していた小久保均らによる『世代』は一九四九年に創刊（第三号からは「広島大学文芸同好会」ではなく、「世代文学サークル」を名乗った）された。小久保もまた一九三〇年生まれで、原爆投下時は熊本の陸軍幼年学校の生徒であったため、被爆体験はない[8]。『天邪鬼』も『世代』も、あくまで同人たちの作品発表の場であり、原爆の問題を特集することはなかった。

そして、一九五〇年一一月、前述した『文芸首都』広島支部の「小説勉強会」と『天邪鬼』『世代』、そして当時多くの学生を会員として抱えていた『エスポワール』を中心に、広島の書き手を結集した「広島文学協会」が設立、一年後の一九五一年一一月、『広島文学』を創刊した。郷友社発行による『広島文学』とは別雑誌である。

「広島文学協会」は広島の書き手たちが広く結集する文化組織であった。副会長、顧問、理事、幹事長、幹事、事務局長という役職を置いたことからもわかるように、組織としての相当な自負を持って出発したと言えるだろう[9]。幹事長には「小説勉強会」の中村正徳、幹事には梶山季之のほか、小久保均、志条みよ子、川手健らが就いた。

『広島文学』と「原爆文学」

創刊後の『広島文学』の誌面を飾ったのは、「小説勉強会」の中堅作家による堅実な小説や評論であった。野心的な若手が新たな方法論を試すようなこともなく、原爆が題材にされることもなかった。創刊号の内容に関して、編集後記は次のように述べている。

創刊号に集まった作品は二十数篇、枚数にして八百枚に近いものであったが、いづれも低調で弱い作品が多かった。農村に根ざした文学作品など一篇もなく、また、原爆と取り組んだ作品も見当らず、聊か侘しかった。農民文学、原爆文学を奨励するわけでは毛頭ないが、寄せられた作品のなかに一篇や二篇は、こうした傾向の作品があってもよい気がしたのである。⑽

この編集後記の書き手は、編集人を務めていた梶山季之によるものだろうか。それは定かではないが、すでに創刊号の時点では、「奨励するわけでは毛頭ない」としながらも「農民文学」と並んで「原爆文学」への期待が語られていたことは重要である。しかし、一九五二年五月に発行された『広島文学』第二号においても大幅な誌面の刷新が行われることはなかった。そすでに大田洋子や原民喜、阿川弘之ら一部の作家が原爆をテーマに小説を書いてはいたが、それでもなお、旧世代にしてみれば、原爆は文学のテーマになりにくいという通念が共有されていたのかもしれない。若手作家の作品としては梶山季之の小説「族譜」が掲載されたのが目につく程度である。

『広島文学』第二号に対しては、本書の第二章でみたように、東京から痛烈な批判が起こった。文芸評論家の山本健吉によって「広島から出される雑誌としては、何か一本クサビが抜けているような気がするのだ。これでは何処で出されたっていっこう構わない雑誌だ（中略）一九五二年の広島に生まれなければならない文学、そのような時と場所とに置かれた人間の決意の文学が、ここには殆ど感じられないのだ」という批判がなされたのである。(11) 東京の文芸誌の同人雑誌評は、地方作家たちにとっては無視できないものであった。

すでに「原爆文学」への期待感が胎動していただけに、山本健吉による批判は、「広島文学協会」内の世代交代を促すことになった。『広島文学』の若手世代が原爆に向き合い始めるのである。広島に原爆を求めた山本健吉の評価は、川口隆行が言うようにオリエンタリズムを想起させるが、重要なのは中央文壇からの批判が契機となって、原爆というテーマが浮上したということであろう。(12) また、「広島文学協会」の幹事長だった中村正徳が一九五二年七月に交通事故で入院していたため、世代交代を図りやすかったという側面もある。(13)

一九五二年一一月には若手を中心に「原爆の文学研究会」が結成された。そして第四号(一九五三年二月)では、梶山季之が実質的な編集長となり、原爆をテーマにした稲田美穂子の短編小説「見知られぬ旅」が掲載された。『広島文学』が生んだ最初期の「原爆文学」であるため、梗概を記しておく。

原爆によって頬に火傷の跡が残る「原爆乙女」の瑠美子は、二十代の半ばになっても初潮を迎えておらず、子を産めない自分は結婚もできないとあきらめていた。瑠美子は本来ならばほかの「原爆乙女」たちと一緒に大阪で治療を受けるはずだったが、歯痛を理由に辞退し、治療に向かう女性たちを広島駅のホームで見送る。駅のホームを出た瑠美子のそばをABCC(原爆傷害調査委員会）の高級車が通り過ぎる。そこに兄との記憶が重ねられる。瑠美子は終戦間際、特攻機に乗って出撃する兄を鹿児島まで見送りに行っていたのである。後日、鹿児島で知り合った兄の友人が、瑠美子の写真を持って訪ねてくるが、瑠美子は、そんな人は知らない、この辺りに住んでいた人は原爆で離散した、と言って男を追い返す。一人になった瑠美子が嗚咽しながら笑い続けるところで、小説は閉じられる。

この「見知られぬ旅」は『中国新聞』誌上で細田民樹と斎木寿夫の年長世代から賞賛されたが、『広島文学』では、川手健による次のような批判があった。川手健は一九三一年生まれで梶山季之や小久保均と同世代の平和運動家であり、一九四八年に共産党に入党、当時は『広島文学』の編集に携わっていた[14]。

> この小説が原爆文学の傑作として殆ど手ばなしでほめられている現状にはがまん出来ない（中略）悲劇とか苦悩といったものは結局通俗映画的な甘い筋の中にかき消されて、その具体的事実を通して原爆の本質を描き出すというところ迄はいっていない。いっていないというより、そういう意図さえこの小説の中には余り感じられない[15]。

このように、原爆をテーマにした作品の評価をめぐっても、年長世代と若手世代との見解の相違は決定的になっていた。

第一次原爆文学論争

このような『広島文学』内部の動きと連動して、いわゆる第一次原爆文学論争が起こっていた。第一次原爆文学論争とは、『中国新聞』夕刊の学芸欄・文化欄（一九五三年一月二五日～四月一七日）を舞台にして起こった論争である。中国新聞記者で当時学芸部に在籍し、広島の文芸同人誌にも度々寄稿していた金井利博が紙面を提供した。[16]

論争は、志条みよ子の「「原爆文学」について」（『中国新聞』夕刊、一九五三年一月二五日）から始まった。志条は『広島文学』と『女人文藝』の同人で被爆者の父親の看病の合間に小説を書いていた。生年は不明だが、いわゆる「戦前派」に属する小説家であった。[17]

「原爆文学研究会」たら「保存会」たらいうのが今度できるそうであるが、できて悪いとはいわない。（中略）原子爆弾という名前の下に、努めて文学の二字を加えたり、ましてや芸術などという至高の言葉をそういつまでも付け加えたりしてもらっては困る。[18]

なにかといえばすぐに原爆々々といまだにいわれている。原爆を書かない小説や原爆を取上げない絵画は広島の人間に限り、真の作品ではないごとくいわれている。七年も経った今日、もう昔のことと忘れ去ってしまえというのではないけれど、しかし、もうそろそろ地獄の絵を描いたり、地獄の文章ばかりをひねり上げることからは卒業してもいいのではないか。科学や政治の世界にまで、芸術の神髄が真実の文学が、低迷して行ってはならないと思う。[19]

ここには、山本健吉の評価と、それに呼応して「原爆の文学研究会」を開催した『広島文学』の若手世代に対する違和感が率直に綴られている。志条の発言は『広島文学』内部での世代対立としても理解することができるだろう。「文学」を「芸術」に閉じ込めておきたい年長世代の声明として読むこともできる。

この志条の問題提起に対して反発したのが、「原爆の文学研究会」の会員で、当時広島中央百貨店重役の筒井重夫であった。筒井は次のように述べている。

「何かと言えば原爆原爆といまだに言われている」とは文学論を強弁した悪意にみちた広島市民に対する言葉だ。（中略）察するに故郷は故郷でも、あなたはあの原爆の惨禍を体験しておられぬのだろう、一せん《ママ》の光芒とともに、たちまち現出された阿鼻叫喚の巷を目撃したものに誤ってもかようなバリ《ママ》雑言のできるわけがない。（中略）読む人をして不幸な犠牲者のために涙せしめ、腹の底から戦争を呪い、平和を希求する心が烈々として心頭に燃え上がる力を持っておれば原爆文学が何ダース、何十ダース生まれようともちっとも構わないと思っている。[20]

筒井の語りは、悲惨な体験を「平和」と直結させる典型例であろう。「あなたはあの原爆の惨禍を体験しておられぬのだろう」という言葉にあるように、体験者は必ずその悲惨に言及せねばならないという連帯意識、あるいは同調圧力がそこにはある。ただし、志条にしても筒井にしても、原爆を感情的に語らざるをえなかったという点では共通していた。

この年長世代に比して、体験から距離を取り、新たな「原爆文学」の方向性を模索したのが小久保均であった。小久保は、被爆体験を写実的に書こうとしてきたこれまでの小説からの脱皮を図った。

> 第一次原爆文学ともいうべきものは、原爆の惹起する悲惨さをできるだけ忠実に人に伝えたいという意図から、いちじるしく自然発生的、写実的な手法を採用した。人々は半信半疑の面持ちでこの地獄絵図に《ママ》のぞきこんだ。そして、ああ、俺達はどうすればいいのかと嘆いた。
>
> 出発点は等しく原爆の悲惨の凝視であった。今や彼らはこの悲惨を背後に持って前に向かって歩き出そうとしているのである。原爆文学とは原爆を意識的契機として生まれ原爆

にかかわる過去、現在、未来の一切の問題を人間との関連において深く考えようとする文学である。[21]

サークル誌『われらの詩』の発行人であった詩人の深川宗俊もこの論争に加わっている。深川は次のように論争を総括した。

これらの緒論の中から共通の意思がみいだせるということである。その創作方法、世界観、政治、宗教などの立場は相違していても、戦争を心から憂い、かなしみ、憎悪し、憤る、現実のみにくさを美しいものに変えてゆこうとする人間のたくましい意思がくみとれるということである。平和への限りない欲求である。[22]

この論争を文学の方法論をめぐる論争として捉えるならば、「本質的な文学論争としてかみ合うことはなかった」という評価や、「原爆体験を克服し新たな意味を見出すことの出来なかった被爆者の立場から後向きの発言から始まった」というような従来の否定的評価には、確かに頷ける部分もある。[23] いずれにせよ、広島の文芸に携わる者の大多数が、この頃になってようやく原爆にいかに向き合うべきかという問題に直面したのであった。

論争の最中に発行された『広島文学』一九五三年三月号は、真杉静枝と斎木寿夫の対談「原子力と文学」、田辺耕一郎の評論「原爆文学に望むもの」を掲載したほか、「原爆の文学特集」として、「原爆を素材とした、五〇枚前後の作品を、五月上旬頃までに募集して、優秀作品を掲載します」と告知していた。

一九〇三年生まれの評論家で、戦前に「日本プロレタリア作家同盟」に参加した経験をもつ田辺耕一郎は、「原爆文学に望むもの」のなかで、大田洋子や原民喜の文学に対して一定の評価をしながらも、「原爆戦の大きな脅威のまへにすっかり慴伏し、虚無に陥っていて、人間の尊厳、生命の貴さへの深い自覚や、そこからのヒューマニズムとしてのプロテスト（抗議）というようなものは殆んどかんじられないか微弱である」とした一方で、長田新編『原爆の子』に収められた少年少女の手記にみられる「人生への深い信頼感、生きていることの喜び」を高く評価した(24)。そして、「原爆文学」に求めるものを「原爆をモメントとしてそのアンチ・テーゼとして再生してゆくヒューマニズム」であると結論した(25)。文学作品を書くという実践のなかで、原爆をいかに位置づけるのかという問題に対して、従来の文学の「暗さ」から「明るさ」へと転換しようという論理構造は、田辺に限ったものではなく、後にみるサークル誌『われらのうた』にも登場する。

論争後に発行された『広島文学』一九五三年八月号には、先にみた川手健「原爆文学についての雑感」が掲載され、「原爆の本質」をみようとしない小説だとして、「見知られぬ旅」が否定された。しかしその後の『広島文学』に、原爆に関する創作や評論が増えることはなく、目立った作品が掲載されることもなかった。

被爆者の実態調査

一九五三年の春に梶山季之が上京し、『広島文学』を離れた。以後は田辺耕一郎が「広島文学協会」の中心となり、『広島文学』の原爆への向き合い方にも明らかに変化が訪れる。被爆者の実態調査活動が本格的に始まったのである。

『広島文学』一九五四年九月号には、「原爆障害者の実態（座談会）」が掲載されている。司会を務めた田辺耕一郎は、当時「広島原爆障害者治療対策協議会（以下、「原対協」と略記）」の文化委員を務めていた。原対協は、一九五三年一月に当時の浜井信三・広島市長を中心に結成された組織であり、一九五四年に入って、広島在住の被爆者六千人を対象に実態調査を始めていた。座談会の冒頭、田辺耕一郎は次のように述べている。

広島には原爆に関する文献や文学の類がこの九年間に相当多量に出ているのですが、しかし実際には満足すべきものは沢山はないと云ってよかろうと思う。殊に最近では、広島・長崎の原爆問題はもう既に八年も九年も前に終ったことではないかというような考え方から原爆の問題をジャーナリズムが特別には関心を持たなくありつつあるという悲観論も生じております。（中略）この機会に広島文学協会は文学運動の再出発に際して原爆障害者の実態調査にも積極的に参加して、実態に触れてそれを把握し、原爆と人間や社会の問題と取り組んで再出発してゆきたいという意欲に燃えているわけなのです。(26)

田辺が言うように被爆者の実態調査の背景には、日本の主権回復後に原爆被害の問題を大々的に取り上げておきながら、その後は被爆者の問題から離れていき、「原爆乙女」の治療問題のみを取上げるマスコミへの批判があったことは確かであろう。「原爆文学」の方法論をめぐって議論を戦わせるよりも、より現実的な被爆者の生活実態の問題に視線を定めることで、「原爆文学」の方向性を模索しようということなのかもしれない。

ただし、このような動きが、一九五〇年代の文学運動の潮流を取り入れたものであったということは押さえておきたい。そもそも、一九五〇年代の前半は、無着成恭編『山びこ学校　山形県山元村中学校生徒の生活記録』（青銅社、一九五一年）を端緒とする生活綴方のブームがあり、民謡や創作歌謡を集団で歌う「うたごえ運動」が盛んな時期でもあった。「広島文学協会」の方向転換は、民衆を志向し集団性を重視するこれらの運動を取り入れたものであり、戦前に「日本プロレタリア作家同盟」に属した田辺耕一郎の思想とも合致するものであった。

また、被爆者の実態調査というアイデアには、「原爆被害者の手記編纂委員会」による『原爆に生きて　原爆被害者の手記』（三一書房、一九五三年）の刊行も影響していた。「原爆被害者の手記編纂委員会」は、新日本文学会に属する小説家の山代巴が結成した団体で、「広島文学協会」からは川手健も所属していた。そもそも山代巴は広島の農民たちの意識改革を目指す活動のなかで峠三吉と出会い、一九五二年八月「原爆被害者の会」を結成していた。「原爆被害者の手記編纂委員会」の結成以前から、被爆者の生活実態を調査し、国家による無料の診察治療の実施を求める活動を続けてきたのである。

　これらの前提の上で、第三章でみたような原水爆禁止署名運動の興隆があり、それが「広島文学協会」による被爆者の実態調査へもつながっていったのである。

　しかし、『広島文学』の誌面をたどってみても、被爆者の実態調査がいかに継続されたのか、判断できない。「原爆障害者の実態（座談会）」以降の誌面では、約二年後の『広島文学』一九五六年八月号に「忘れられぬ十一年前の「あの日」目撃者座談会」が掲載されたのみである。そして一九五〇年代後半の『広島文学』は停滞期に入る。かろうじて年に一号の編集発行を維持したものの、一九五九年五月号を最後に「広島文学協会」は解散してしまう。

　一九五〇年代の『広島文学』とその周辺を振り返ってみて気づかされるのは、原爆と文学に関する議論は起こったものの、具体的な作品として結実した例は極めて少なかったということである。その理由は、文芸創作という個人的な営みにおいて、テーマを指定されるということが受け入れられなかったからだろうか。あるいは原爆を作品化するには、まだもう少し時間が必要だったということなのだろうか。この問題を考えるためにも、『広島文学』と同時期に発行されていながら、『広島文学』とは対照的に原爆を主題にした詩を次々と生み出した文芸サークル誌『われらの詩』と『われらのうた』を分析したい。

文学サークル運動と『われらの詩』

これまでは地方文芸誌『広島文学』をみてきたが、一九五〇年代の広島における雑誌メディアとして見逃せないのが文学サークル誌である。[27]左派の文学サークル誌は、政治的信条の共有と人的コミュニケーションを広げるためのメディアであり、基本的にはその目標のために、詩作による現実認識の深化が求められていた。[28]これから本章が取り上げるサークル誌『われらの詩』と『われらのうた』についても同様のことが指摘できる。

図21 『われらの詩』と『われらのうた』

『われらの詩』は、詩人の峠三吉が中心的役割を果たした「われらの詩の会」によって、一九四九年一一月に創刊されたサークル誌である。峠三吉は一九四九年二月に新日本文学会に入会し、四月には日本共産党に入党していた。[29]『われらの詩』の編集にあたった増岡敏和も共産党員であり、発行人は前月にレッド・パージで三菱造船を退職させられていた深川宗俊が務めた。[30]このことからもわかるように、『われらの詩』は共産党国際派の強い影響下にある雑誌であった。[31]『われらの詩』が創刊された一九四九年から一九五〇年にかけては、レッド・パージによってサークル運動の中心的人物たちが職場を追われたため、サークル運動の停滞期となり、休刊するサークル誌が増えていた時期でもある。[32]そのような状況のなかでも、『われらの詩』が順調に出発し、積極的な活動を維持することができた理由は、強固な組織形態にあったと考えられる。「われらの詩の会」は広島県内や広島大学内に支部を作り、中国地方の諸サークルをまとめて中央の新日本文学会へとつなぐパイプ役であった。[33]増岡敏和の回想によれば、会員数は最盛期には三〇〇人を超え、部数も創刊号は三〇〇部、第二号は五〇〇部、第三号以後は七〇〇部と激増していった。[34]

「われらの詩の会」は、一九五〇年に入ると反戦平和団体としての自己規定を強めていった。一九五〇年六月の朝鮮戦争勃発から一九五〇年七月の警察予備隊新設、さらに式典の左傾化をおそれた占領軍による同年八月の広島平和記念式典の中止へとむかう情勢のなかで、平和集会を開き、ストックホルム・アピールの署名運動へ参加するなど、反戦平和団体のアイデンティティを確立したのである。一九五〇年代前半のサークル運動は、「平和の擁護と戦争反対の感情や意思にみたされる方向」をとっていたと評価されるが、「われらの詩の会」は、その評価を体現する団体の一つであったといえるであろう。[35]

順風に思われた『われらの詩』の活動であったが、財政難に直面し、さらに詩を書けないメンバーが増え始めるといった問題を抱えるようになる。詩作に関心があり、創作の実績もあるメンバーだけでサークル運動を進めていたならばそのような問題は起こらなかっただろう。しかし、サークル運動を広げるためには、新たなメンバーに詩を書かせる必要があった。初めて詩を書く人々のなかには、詩を書くことに行き詰る者も少なくなかった。そんな中、「『われらの詩』の会でも最近特に「書けない」という人が多くなったように思う。（中略）詩が、自分自身のものにならないにもかかわらず、それを直接外部の、所謂政治的なものに結び付けようとしたセクトが「書けない」ことにした一つの大きな原因だ」という意見が出るようになる。(36)

「書けない」という問題が提出されたことにより、サークル運動の方法論をめぐって、「われらの詩の会」内部で対立が起こった。(37)峠三吉が掲げていた「一人でも多くの人に読ませること、どんなにまづい詩でも書かせること」という方針が疑われ始めたのである。この頃になると、「われらの詩の会」に対して、「われらの詩の会の誠実は認めたいが、陳腐な感情と詩情を取り違えては一大事。感性に頼りすぎて平和主義が頭に上がっていく事が気になるが……」という評価もなされるようになる。(38)

そして、一九五三年三月に峠三吉が死ぬと、「われらの詩の会」の分裂は避け難いものとなり、『われらの詩』は一九五三年一一月、第二〇号をもって終刊するに至った。

政治闘争的原爆詩の誕生

前述のように、「われらの詩の会」は、平和運動・労働者運動を通して反戦平和団体としての自己規定を強化していたため、貧困を嘆き、労働者の生活向上を求めるスローガン調の詩が、誌面に溢れていた。したがって、被爆体験や引揚げ体験といった苦難の記憶は、貧しい生活実態と合わせて詩の中に配置される傾向があった。

例えば、『われらの詩』第一号（一九四九年一一月）に掲載された「忘れ得ぬもの」という詩は次のように書き起こされている。

八月六日！
轟音と劫火の去った一瞬、
いたる所に、
築かれた死人の山、
強烈な陽の射熱を浴びて、
その赤い山々から
徐むろに流れ出る肉汁、

がまんのならない悪臭の
漂う都。(39)

このように、被爆の悲惨の描写から開始された詩は、それとの対比で、復興した広島の現状を描いた後、次のように締められる。

だが待てよ！
よくみると
五年前と変わらない
あのボロボロの
家と人とが、
今も在る、
ピカピカの靴と
折目正しい背広の服より
すり切れた草履と
よれよれの服の方が、
遙かに多い事実を

忘れてはならない。
八月六日
此の日と共に。(40)

詩のなかで想起された被爆体験は、戦後復興が取り残した貧困問題へと方向づけられている。被爆の悲惨が現在時の社会問題の提起につながっていくという構造をなしている。この種の詩は、『われらの詩』と『われらのうた』を通して繰り返し書かれ、後にそれが詩の類型化の問題として焦点化されることになる。

その他、注目に値するのは、原爆で亡くした妹を詠んだ畠肇の「妹」(『われらの詩』第四号、一九五〇年三月)や、原爆で亡くした弟を読んだ四国五郎の「心に食い込め」(『われらの詩』第五号、一九五〇年五月)のような詩である。当時、財政金融引き締め政策による深刻な不況と朝鮮半島における緊張の高まりとを機に、労働運動と反米運動が高まりとをみせていたわけだが、身内を悼む切実な心情が前面に出ている詩も確かに存在していた。なお、四国五郎の「心に食いこめ」は、一九五一年七月に開催された京都大学同学会による原爆展でもパネルに書き込まれ、展示された。(41) 一篇の詩作品が平和運動のなかで広まっていく過程の一端を伺わせてくれる。

しかし、身内の死を悼む詩は、『われらの詩』第八号(一九五〇年八月)を境に、徐々に姿を消していく。「平和特集号」と銘打たれた第八号で増加したのは、原子兵器の絶対禁止を求める闘争的なスローガン調の詩であった。

第八号の冒頭には、「平和のための宣言」として、「われわれはヒロシマの詩人として地下に横たわる声なき声を生かしかされた責務を果たすために原子兵器の絶対禁止を世界に向かって要求」すると記されていた。このような政治的目標に沿う詩が、第八号では増加したのである。そこでは、軍用機が被爆地広島の空を西（朝鮮半島の方角）に向かって飛んで行くという詩が定型化した一方で、原爆によって死んだ身内を悼むという、ある意味では素朴な詩は姿を消していった。その意味で、一九五〇年に『われらの詩』が掲げた「平和」は、政治的目標を優先するスローガン調の詩を増やしはしたものの、そこには含まれないような心情を切り捨ててしまうものでもあった。

以後の『われらの詩』には、反米闘争詩の文脈で原爆が想起される詩が目立ち始める。その傾向は、サンフランシスコ講和条約の発効によってさらに推し進められた。米軍基地が存在する日本はアメリカの植民地だという認識のもと、『われらの詩』の反米的色彩はいっそう強くなっていった。

例えば、『われらの詩』第一四号（一九五二年五月）の山本明「呪い」において、原爆は「瞼の底を流れてさまよう／原爆に亡びた幾十万の肉塊／人間を失った人間の世界／焼煙にむせかえる／生きのこった人々の膚深く／むざんに刻み込まれた／植民地奴隷の白閃の焼印」というようにうたわれていた。

反米詩の方向付けは、峠三吉の文章にも見出すことが出来る。『われらの詩』第一六号(一九五二年九月)には、子供が書いた二七篇の原爆詩が掲載されているが、その選考にあたった峠三吉は選評のなかで、「原爆を現在製造して機会があれば落とそうとしている者への怒りや、原子力を平和のため人間の幸福のために使ったらどんなにすばらしいだろうかということについても歌わねばならない」と記していた。その後の『われらの詩』においては、アメリカへの怒りをうたう詩が増加していくわけだが、「怒り」と並んで挙げられている「原子力を平和のため人間の幸福のために使ったらどんなにすばらしいだろうか」という点については、全く詩作に取り入れられなかった。

このように、『われらの詩』における原爆詩を通時的にたどることで見えてくるのは、次のような変遷である。原爆詩は当初から労働運動の一環として歌われていたが、そこには身内の死を悼む切実さと共に原爆を想起する回路も存在した。しかし、朝鮮戦争が起こり、それによって原爆そのものの主題化が誘導されると、素朴で切実な追悼の回路は早々に閉じられ、被爆体験は専ら現在時の政治的目標と関係づけてうたわれるようになり、露骨に反米的な詩が増えていった。そしてそれは、左翼団体が、抽象的な理念である「平和」の語に「反戦」の二字を付け加えて、「平和」を先鋭化、政治化させていく過程でもあったのである。

大衆文化運動と『われらのうた』

サークル運動の方向性をめぐる対立が主な原因となって「われらの詩の会」が解散した後、その中心メンバーであった増岡敏和が新たなサークル活動を始めた。一九五四年一一月に「われらのうたの会」を立ち上げ、『われらのうた』を創刊するのである。

『われらのうた』は、創刊号の冒頭で、「「われらのうたの会」は「原爆詩集」の故峠三吉氏の「われらの詩の会」の意思をつぐもので、その最終号二〇号まで五ヵ年の運動の生命に生きるものであります」と宣言し、さらに峠三吉夫人のエッセイを掲載することで、『われらの詩』の後継誌を自認した。(42)

発刊当初の『われらのうた』は、うたごえ運動に連なっており、誌面には楽譜と歌詞が数多く掲載されていた。また、被爆者問題への取り組みも見逃せない。吉川清「久保山氏の死と原爆被害者」(『われらのうた』第一号、一九五四年一一月)や、松本志津江の詩「広島」(『われらのうた』第二号、一九五四年一二月)など、特別な保障がないままに留め置かれている被爆者に注目していた。原水禁運動の高揚と足並みを揃えるようにして『われらのうた』も充実していったのである。

その後、一九五六年四月に増岡敏和が上京し、「われらのうたの会」を離れてからは、『われらのうた』は生活記録運動と協働していくことになる。それまでは盛んに詩作を奨励していたが、詩が書けないというメンバーが増え始めていたこともあり、一九五〇年代後半の『われらのうた』は刊行さえも危ぶまれるような状態に陥った。一方で、文学表現の上達を志向するメンバーは、新たな同人誌を創刊しようと動き始めていた。

「書けない」という問題と詩の類型化という問題は、『われらの詩』も直面したものであり、全国のサークル運動が抱えていた課題であった。[43] しかし、『われらのうた』は、『われらの詩』のようなあからさまな党派的対立を抱えることはなかった。むしろ、書けないメンバーの穴を、書けるメンバーが埋めていったのである。これにより、執筆者が固定され、紙幅も与えられるようになり、力作の評論やルポルタージュが増える結果となった。

このような状況で迎えた「われらのうたの会」の第四回総会（一九五九年四月一二日）は、詩ではなく生活記録を重視する方針が決まったという点で、「われらのうたの会」にとっての転機であった。「いま、わたしたちに大切なのは反戦平和を口にすることではなく、自分の生活、歴史をたどって、その根拠をあきらかにしていくことだろう」とあるように、ここにおいて『われらのうた』は、『われらの詩』から引き継いだ反戦平和団体としてのアイデンティティを一度括弧に入れるに至ったのである。[44]

右記のような運動の変遷はあったにせよ、『われらのうた』は、小説や評論、戯曲、生活記録などあらゆる表現を取り込むことで、左翼運動から大衆運動へと脱皮を遂げたと言えるだろう。機関紙的側面が色濃く、詩作品に重点が置かれていた『われらの詩』とは、その点において明確に異なっていた。

詩の画一化という問題

一九五六年以降、『われらのうた』においては、詩が感情的で抒情的な方向に画一化されているのではないかという疑問が提出されていた。

ともすれば情緒的な受け止め方をしている。だから原爆の本質に迫る前に感情だけが表面に浮いてしまって、感情のむきだしなままになってしまう。あるいはセンチメンタルな抒情性が強くなったりする。(中略) だからそうした作品は、最後の連には「広島の悲劇を繰り返すな」とか「平和がくるまで死にきれぬ」とか「みなごろし戦争のしたくに反対しよう」というような言葉をつけないことにはおさまりの悪い感じになってしまうのだ。[45]

実は、最後の連に「平和の訴え」や「戦争反対」の類型をつけることへの批判は、サークル運動への根本的疑義を含んでいた。そもそもサークル運動は、特定の政治的課題を共有することを目標にしていた。したがって、『われらのうた』の詩が「平和の訴え」や「戦争反対」の方向に類型化、画一化していくこと自体は、運動の成果として、サークル内部では評価されても構わないはずである。しかし、書くという実践において質的上達を目指したいという、ある意味では自然な欲求は、画一化を良しとしなかった。いかに詩を書くかという問題は、文学表現に閉じた問題であるかようにみえるが、詩が書き手の現実認識の反映であるとみなされていた文学サークル運動において、その問題はサークル運動の進め方にもかかわる重要なものであった。

原爆詩の類型化、画一化の問題を、非体験者が原爆をいかに書くのかという観点から深めたのは、浜野千穂子という詩人であった。浜野は以下のように述べている。

今後も更に原爆の悲惨さを描かねばならないのであるから、むしろ非経験者が、この問題と対決しなければならないのである。（中略）併し私達は当初の異常な衝撃を忘れかけているのではなかろうか。それは雨中の放射能に対して比較的無感覚になった事からも云える。いや忘却というよりむしろなれてしまったのではないだろうか。（中略）「地獄のような」とか「悲惨なパノラマ」とか使いふるされたイメージの少ない言葉でしか捕え得なかった。むしろこのような言葉で表現されるより焼きただれた少女の黒くふくれあがった顔を客観的に表現されたものに戦慄を感じた。というのも如何に原爆が特異であったかが分るのである。だが私達はこれらの一連の恐怖をじかに肉体で体験はしてはいない。現在

はその体験は記憶の反復でしかないのだ。(46)

被爆の悲惨を忘れ、「死の灰」にも慣れつつある非体験者は、詩作において体験者の記憶を反復することしかできないという認識が浜野にはあった。

既に大田洋子が、「原爆についてはまだ扱い方が足りないですね、主流にそういうものが出ていないので文壇で孤立する傾向があります、もう体験者でない作家が書く段階がきてると思うのですけどね、体験者だけなら、原民喜が死に、峠三吉が死に、大田洋子が死んだら、あと書かないのか」として、非体験者が原爆をテーマにした作品を書くことの必要性を訴えていた。(47) しかし、非体験者である浜野が原爆を書く際に直面したのは、記憶が風化しつつあるなかで、体験していない「体験」を「反復」を避けながら書くにはどうすれば良いのかという、体験者である大田洋子には決して共有できない問題であった。

興味深いのは、このような原爆詩に関する問題提起がなされたのと時を同じくして、「われらのうたの会」が次第に停滞していったということである。第三一号（一九五七年五月）では、財政難の解消とメンバーつなぎ留めのために会員制が提案され、第三六号（一九五八年三月）では、合評会の参加者がわずか三名であったと嘆かれ、「崩壊寸前」と記されていた。仮に、前述の原爆詩に関する問題提起が「われらのうたの会」のメンバーたちに受け入れられ、盛んな議論が行われていたならば、メンバーをつなぎ留める提案はなされなかったのではないか。詩の画一化（記憶の反復）を良しとせず、表現の更新を求める議論は、「われらのうたの会」の活動が停滞していたからこそ掲載され、それが掲載されることによって、会の活動はさらに停滞していったと理解することはできないだろうか。

ただし、一九五〇年代末は、サークル運動の停滞打破が全国的な課題になっていた頃でもあった。戦後共産党に入党し、党内抗争に失望して党から離れた経験を持つ高田佳利は、サークル運動が停滞した原因として、サークル運動と職場生活・私生活との乖離を挙げ、その背景には都市消費文化（高田が例示しているのは週刊誌の普及やトリスバーの流行）の存在があると指摘していた。[48] サークル運動は「集団・大衆」の運動であることを掲げていたが、一九五〇年代の後半は、その「集団・大衆」の生活が、根本的な変容を余儀なくされていた時期でもあったのである。『われらのうた』の停滞にも、このような要素が関係していたのかもしれない。

本章ではここまで、サークル誌における原爆認識に焦点を当ててきた。しかし、一九五〇年代の広島における核エネルギー認識を理解しようとするならば、原爆認識だけではなく、核エネルギーの「平和利用」についての認識を分析する必要がある。

「平和利用」キャンペーンと『われらのうた』の反応

第四章で確認したように、一九五五年一月、アメリカ下院議員シドニー・イェーツによる

「広島に原子力発電装置建設のための上下両院合同決議案」の提出が報じられた[49]。イェーツの決議案には「広島が世界最初の原爆の洗礼を受けた土地であることにかんがみ、米国は同地を原子力平和利用の中心とするよう助力を与えるべきである」という文言があった[50]。この決議案に対して、広島ではすぐさま反対論が起こった。

広島大学教授の佐久間澄は、「米国でも国民を放射能から守るために原爆工場を人里離れたところに建てているのに町の真中に建設しようというのは住民の保健問題を無視した暴挙だ」として反対意見を表明していた[51]。また、『われらのうた』には、深川宗俊による「広島に　原子炉建設と　つたふれば　ことごとく声　あげて拒まむ」という短歌が掲載された[52]。

原子炉設置についてこのような反対論が存在していたにも関わらず、一九五六年に入ると、広島においては原子力平和利用キャンペーンが高まり、一九五六年五月二七日から平和記念資料館を会場にして原子力平和利用博覧会が開催された。広島での原子力平和利用博覧会は、広島県、広島市、広島大学、中国新聞社、広島アメリカ文化センターの主催によるもので、この博覧会に向けて、中国新聞社は『中国新聞』紙上において大々的なキャンペーンを展開することになる。

社説では、原子力を応用した兵器の使用禁止を要請するには、原子力に関する真の知識を獲得する必要があり、そうすることで「平和利用」も進むという論理が展開されていた[53]。また、広島大学工学部原子力工学研究グループによる原子力の解説「第二の太陽　原子力物語」（『中国新聞』一九五六年五月一四日～一六日）の連載が始まっていた。このような紙面構成は、読売新聞社が『読売新聞』誌上において展開した「平和利用」キャンペーンを踏襲している。

では、『われらのうた』は核エネルギーの「平和利用」をどのように詩作に取り入れていたのだろうか。次の詩は、「はた・としを」という詩人による、「弟達よ」という詩の抜粋である。

怒るなよ　そんな激しい眉をして　俺達が
本当に腹を立てたら　俺たちをここまで追いつめた
運命を　戦争を　ピカドンを
からだごとぶっつけて怒ったら
死んでしまうよ
きっと　呪ったり　恨んだりはするなよ
そんなの何にもなりゃしない
ゆたかなこころと
ひとの悲しみを自分の胸で悲しめるだけのゆとり
確かに持ってるね
怒りは血管の中に　生きてゆくエネルギーとして　沈ませておこう
そうだ　原子力発電だよ　わかるかい(54)

「戦争」や「ピカドン」による「怒り」を、「生きていくエネルギー」という生産的なものへと転化したいという心情を読み取ることができる。ただし、これは『中国新聞』による「平和利用」キャンペーンが開始される前に掲載された詩である。したがって、この詩作品にみられるような核エネルギー認識は、少なくとも『中国新聞』によるキャンペーンとは直接の関わりがなく、むしろそれ以前から存在していた原子力「平和利用」を善とする意識を内面化しつつ、そこに自らの心情を重ね合わせることで生まれたのだと考えられる。

『中国新聞』によるキャンペーン期間中の『われらのうた』の誌面からは、島陽二による評論のなかに以下のような記述を見出すことができる。島は、原爆を題材にした詩が、峠三吉の詩集『原爆詩集』から、「われらのうたの会」発行の詩集『川』まで、進歩してきたことを挙げ、そのような進歩がこれからの『われらのうた』にも必要であるとして以下のように述べていた。

〈われら〉のいくつかの成果を、私たちは、より新しい、人間にせまるものに向って確かめて行くことが努力されなくてはならない。〈原爆詩集〉から〈川〉への詩が、ただたんに偶然に生み出されたものであるとは考えられない。そうした観点に立って、もっと広く、私たちが、書いている詩についての考察が意識的に追及されなくてはならない。それは、原爆一般に関する感想から、原子力を平和利用に導き入れるという、批評精神に突き

立てられた理論のように、努力されなくてはならない。(55)

原爆に関する「感想」から「平和利用」へと至る「批評精神に突き立てられた理論」が、詩作の向上との類比で語られているのである。

このように原子力「平和利用」キャンペーンと、『われらのうた』の連動を確認してきたが、『われらのうた』に「平和利用」を疑う視点が全く存在しなかったというわけではない。一編だけ、「平和利用」キャンペーンに批判的な詩が掲載されていた。土井貞子という詩人が寄せた「足音」という詩は、「原子力研究」へと向かう政治と科学にファシズムの予兆を重ね合わせ、明らかに「平和利用」研究にも批判的な詩である。

ああしかし十年後の今
あの日を知らぬ科学者たちは
原子力研究に瞳をこらし
ある政治家たちは原子力の上に
平和を築くという
私達の　前に　後ろに
聞こえないか、きこえないか！

あの足音が(56)

このように、『われらのうた』における原子力「平和利用」キャンペーンの受容は、決して一枚岩ではなかった。土井貞子による一篇の詩を除いては、「平和利用」を批判的に捉えたものはなく、その意味で「平和利用」キャンペーンは浸透していたともいえる。しかし、それは単に『われらのうた』に集った人々がマスメディアのキャンペーンを無批判に受容したことを意味しない。先に確認したように、『われらのうた』における原子力への期待感には、被爆という負の遺産を何とか生産的なものとして捉え直したいという切実な心情が作用しており、その作用によってマスメディアのキャンペーンと『われらのうた』に集った人々の認識が一致したのである。原水禁署名運動の隆盛期であった一九五四年から一九五五年において、『われらのうた』の詩人たちは被爆者の生活実態に目を向けつつ、「原子力の夢」を受け止め、それに独自の論理を重ね合わせていたのである。

地方文芸誌とサークル誌が紡いだ議論

広島の同人誌が結集した『広島文学』では、当初は原爆が文学のテーマとみなされていなかったが、新たな「原爆文学」を求める若手世代によって、原爆を扱った作品を求める声が上がった。この試みは第一次原爆文学論争を引き起こし、いくつかの作品を生み出したものの、大きなうねりを見せることなく終息した。『広島文学』は原水禁運動の高揚とともに、原爆被害者の実態調査の方向へ舵を切り、原爆をテーマにした作品が話題になることはなくなった。

対照的に、文学サークル運動という濃密な「読み書き」の空間のなかでは、原爆を主題にした作品が次々と生み出された。『われらの詩』においては、朝鮮戦争の勃発によってサークル内で原爆の主題化が誘導されると、原爆詩は急増した。被爆体験は詩のなかで、現在時の政治目標に従属する位置に置かれるようになったのである。また、『われらのうた』では、露骨に党派的な原爆詩は姿を消し、原水爆への反対や原爆症患者の現状を素朴に歌う詩が増えていた。

では、文芸同人誌においては原爆を主題とした作品が少なく、文学サークル誌では相対的に多かった原因はどこにあるのだろうか。考えられるのは、それぞれの媒体の特性である。『広島文学』は小説作品に比重を置いていた。小説という表現形式はある程度の分量や構成力を求められるため、高学歴者や作家志望者といった文化資本を有する者たちに選ばれがちである。したがって、「第一次原爆文学論争」が示したように、原爆というこれまでになかった主題に向き合ったとき、まずはそれをいかに書くかという方法論の問題を解決しようとした。これに対して『われらの詩』や『われらのうた』は詩作を基本にしており、そこに集まった詩人たちは、原爆をいかに書くかという問題を意識しつつも、ある意味では自由に原爆を作品化することができた。そのため、多くの原爆詩を残すことができたが、同時に詩の表現の類型化という、『広島文学』には見られなかった問題を抱えることにもなった。

『広島文学』、『われらの詩』、『われらのうた』、この三誌は既存の「文学史」に登録されるような作品を大量に生み出したというわけではない。しかし、この三誌から浮かび上がってくるのは、いわゆる「中央文壇」の作品や作家にも劣らないような、そしてマスメディアではすくいきれないような、微細にして濃密な生の軌跡である。被爆地広島を生き、原爆と向かい合った市井の人々の実践を、本書の最後に配置した理由も、そこにある。

註

(1) 広島大学文書館編『被爆地広島の復興過程における新聞人と報道に関する調査研究』(財団法人三菱財団人文科学研究助成平成一九年度研究成果報告書、広島大学文書館、二〇〇九年)や、大島香織「被爆一〇年『中国新聞』と「ヒロシマ」」(『史艸』第四二号、二〇〇一年)、同じく大島の「『中国新聞』と「ヒロシマ二〇年」」(『日本女子大学大学院文学研究科紀要』第九号、二〇〇三年)などが存在する。

(2) 福間良明『焦土の記憶　沖縄・広島・長崎に見る戦後』(新曜社、二〇一一年)は、地方の文筆家たちが政治・社会に関する評論を比較的自由に書くことができたメディアとして、文芸同人誌に注目し、『中国文化』、『新椿』、『郷友』などを分析しているが、サークル誌には関心が払われていない。

(3) 岩上順一「文学サークル」(『岩波講座文学8』岩波書店、一九五四年)によれば、戦後日本において興隆したサークル運動の源流は、戦前のプロレタリア文学運動にあった。一九三〇年代初頭の日本におけるプロレタリア文学運動が、国際交流のなかでサークルの理論を輸入し、例えば『戦旗』や『ナップ』といった雑誌の読書会組織を、サークル運動として捉えなおしたのである。

(4) 例えば、『広島文学』一九五三年三月号の寄贈雑誌紹介欄には『われらの詩』一七号が紹介されている。また、「われらの詩の会」で中心的役割を果たした増岡敏和や喜連敏生は、『広島文学』一九五六年四月号に、原爆症による死者を歌った「雪の朝」という詩と「いくたびも」という詩を、それぞれ寄稿している。「われらのうたの会」の島陽二も「東の端のとうがきの実」という詩を、『広島文学』一九五六年一月号に寄稿している。

(5) 『中国文化』の創刊と、検閲との関係については、福間前掲書に詳しい。

(6) 井上勇「原子力と世界平和」『月刊中国』一九四六年八月号、九頁。

(7) 岩崎文人編『広島県現代文学事典』勉誠出版、二〇一〇年、二六一頁。

(8) 同右、二九八頁。

(9) 岩崎清一郎『広島の文芸　知的風土と軌跡』広島文化出版、一九七三年、一〇五頁。

(10) 「編集後記」『広島文学』一九五一年一一月号、八二頁。

(11) 山本健吉「同人雑誌評」『文学界』一九五二年九月号、一七八頁。

(12) 川口隆行「街を記録する大田洋子　『夕凪の街と人と　一九五三年の実態』論」『原爆文学研究』第一〇号、二〇一一年、八六頁。

(13) 『広島文学』一九五二年一〇月号の「会員日記」には、「本誌作品選考委員の中村正徳氏が去る七月二十七日夜、南観音町を歩行中ジープと衝突、意識不明のまま大手町の大内病院に入院、その後一時危篤状態を続けたが八月三十日退院、庚午町の自宅で療養最近殆ど全快された」との記述がある。

(14) 岩崎、前掲書、二六九頁。
(15) 川手健「原爆文学についての雑感」『広島文学』一九五三年八月号、二四頁。
(16) 冨沢佐一「金井利博の思想と行動」『被爆地広島の復興過程における新聞人と報道に関する調査研究』財団法人三菱財団人文科学研究助成平成一九年度研究成果報告書、広島大学文書館、二〇〇九年、三一頁。なお、金井は一九五二年二月から一九六三年三月まで学芸部に在籍し、広島の文化育成に努めた。『広島文学』と第一次原爆文学論争との関係については、川口の前掲論文や、天瀬裕康『梶山季之の文学空間　ソウル、広島、ハワイ、そして人々』(渓水社、二〇〇九年)が指摘している。
(17) 岩崎清一郎『広島の文芸　知的風土と軌跡』広島文化出版、一九七三年、一〇六頁。なお、『朝日新聞』一九七九年一月一日の記事では、五八歳と紹介されているため、一九二〇年前後の生まれではないかと推測できる。
(18) 志条みよ子「「原爆文学」について」『中国新聞』夕刊、一九五三年一月二五日。
(19) 同右。
(20) 筒井重夫「「原爆文学」への反省」　志条みよ子氏へ與う」『中国新聞』夕刊、一九五三年一月三一日。
(21) 小久保均「再び「原爆文学について」」『中国新聞』夕刊、一九五三年二月四日。
(22) 深川宗俊「悲しみを耐えて　「原爆文学」論を中心に」『中国新聞』夕刊、一九五三年三月七日。
(23) 中国新聞社編『炎の日から20年　広島の記録2』未来社、一九六六年、八五頁。栗原貞子「原爆文学論争史」『核・天皇・被爆者』三一書房、一九七八年、引用は、『日本の原爆文学15　評論／エッセイ』ほるぷ出版、一九八三年、二八〇頁。
(24) 田辺耕一郎「原爆文学に望むもの」『広島文学』一九五三年三月号、二三頁。
(25) 同右、二四頁。

(26)「原爆障害者の実態（座談会）」『広島文学』一九五四年九月号、一二頁。
(27) サークル運動を分析対象にした先駆的研究として、思想の科学研究会『共同研究　集団』（平凡社、一九七六年）を挙げることができる。しかしこれは、全六三サークルの成立と活動内容の記録といった要素が強く、サークル誌の内容に細かく立ち入ったものではなかった。これ以降、サークル誌研究はほとんどされていなかったが、近年に入ってサークル運動を文化運動として再評価する機運が高まりつつある。『サークル村』、『ヂンダレ・カリオン』、『東京南部サークル雑誌集成』といったサークル誌の資料発掘と復刻が相次ぎ、『現代思想臨時増刊　戦後民衆精神史』（青土社、二〇〇七年）という特集が組まれた。そこではサークル運動とサークル誌の基本的事実の掘り起こしが目指され、サークル運動を通した作品の制作過程、人的ネットワークが解明されている。そのほか、鳥羽耕史『1950年代「記録」の時代』（河出書房新社、二〇一〇年）もサークル運動に紙幅を割き、「へたくそ詩」論争などを取上げている。また、佐藤泉「一九五〇年代文化運動の思想　集団創造の詩学／政治学」（『立命館法学』五・六号、二〇一〇年）は、五〇年代集団文化運動について「資本主義の外部において作品は完結した一個の作品ではなく、集団文化運動において、複数の身体、複数の声にこそ作品生成の場があり、作品は未来へと開かれている」とし、文化運動を従来の文学史が前提としてきた作品評価の基準に変更を迫るものとして位置づけようとしている。広島のサークル運動に関しては、水島裕雅「峠三吉と「われらの詩の会」」、宇野田尚哉「戦後サークル運動のなかの『われらの詩』」（ともに『原爆文学研究』八号、二〇〇九年）など、『われらの詩』に関する研究は開始されつつある。そこでは、サークル運動と一九五〇年代前後の広島の時代状況の関連が明らかにされている。『われらのうた』に関する研究は、道場親信「「原爆を許すまじ」と東京南部　50年代サークル運動の「ピーク」をめぐるレポート」（『原爆文学研究』八号、二〇〇九年）と、川口隆行・山本昭宏「『われらのうた』総目次」（『原爆文学研究』第一〇号、二〇一一年）が存在する。これらの研究は、全国のサークル誌に関する基礎的事実を解明したものの、そこに市井の人々の意識を読みこむような問題意識は、その方向性が示唆されるに留まっている。さらにサークル誌に掲載された原爆詩の分析や「平和利用」キャンペーンとの接点をさぐる研究は今のところ行われていない。

(28) 全国に広がるサークル誌のネットワークの中で重要な連結点としての役割を果たしたのは、『新日本文学』(一九四六年一月~二〇〇四年一二月)や『人民文学』(一九五〇年一一月~、一九五四年一月に『文学の友』と改題し一九五五年二月に終刊)といった全国誌であった。『新日本文学』は「サークル誌めぐり」、『人民文学』は「サークル詩雑誌紹介」や「サークルあれこれ」といった欄を設け、全国のサークルを紹介するとともに、有力な書き手を抜擢していた。鳥羽耕史「『人民文学』論 「党派的」な「文学雑誌」の意義」(『社会文学』第三三号、二〇一一年)を参照。

(29) 水島、前掲論文、九八頁。

(30) 深川宗俊『広島 原爆の街に生きて』短歌文学を研究する会、一九五九年、頁数表示なし。

(31) 一九五〇年一月、野坂参三の平和革命論がコミンフォルムによって批判された。これにより、日本共産党は、コミンフォルムの方針を受け入れない所感派(主流派)と、所感派に反対する国際派に分裂した。

(32) 岩上、前掲論文、二七九頁。

(33) 宇野田、前掲論文、一〇八頁。

(34) 増岡敏和「峠三吉らの反戦・半原爆運動」、渡辺力人、田川時彦、増岡敏和『占領下の広島 反核・被曝者運動草創期ものがたり』日曜舎、一九九五年、八三頁。

(35) 岩上、前掲論文、二六三頁。

(36) 吉本修二「「書けない」ということ」『われらの詩』第一一号、一九五一年三月。

(37) 『われらの詩』の内部対立は、共産党内の国際派と所感派の対立を代理するものでもあった。『われらの詩』第一七号（一九五三年二月）の巻末には、共産党国際派の影響力が強い『新日本文学』への支持を訴える文章と、共産党所感派の影響下にあった『人民文学』の次号予告が合わせて掲載されていた。

（38）「ローカル雑誌のぞき間評」『エスポワール』一九五三年冬季号、五三頁。

（39）多賀孝子「忘れ得ぬもの」『われらの詩』第一号、一九四九年一一月。なお、引用文中の句読点は引用元のままである。

（40）同右。

（41）小畑哲雄『占領下の原爆展　「平和」を追い求めた青春』かもがわ出版、一九九五年、三四―三五頁。

（42）「出発に際して　何より元気で」『われらのうた』第一号、一九五四年一一月。

（43）詩の類型化の問題については、詩人で評論家の関根弘が、一九五六年三月一三日の『朝日新聞』に掲載された評論「文学サークルの壁」で、「文学サークルのばあい、これまでの読み手が大量に書き手に回ったという偉大な進歩を無視できないが、作品は久しい前からマンネリズムに陥っており、この現実は〝サークルの壁〟という言葉で言われてきた」と指摘している。

（44）「第四回総会報告」『われらのうた』第四一号、一九五九年一〇月。

（45）作者不明「発展のための若干の問題」『われらのうた』第二二号、一九五六年八月。

（46）浜野千穂子「わたしたちにケロイドはないか」『われらのうた』第三三号、一九五七年八月号。

（47）『中国新聞』一九五三年一〇月二三日。

（48）高田佳利「サークル運動の停滞を破る」『思想の科学』一九五九年七月。

（49）「広島に原子力発電所を建設　米議員が提案」『朝日新聞』一九五五年一月二八日。

（50）同右。

(51)「原子炉設置に反対のノロシ」『毎日新聞』一九五五年一月三〇日。
(52)深川宗俊「韻きあうこえ」『われらのうた』第六号、一九五五年四月。
(53)「社説　原子力に対する理解を深めよう」『中国新聞』一九五六年五月二六日。
(54)はた・としお「弟達よ」『われらのうた』第一一号、一九五五年九月。
(55)島陽二「成果とするために」『われらのうた』第二〇号、一九五六年六月。
(56)土井貞子「足跡」『われらのうた』第一一号、一九五五年九月。

終章

これまで、原爆投下から一九五〇年代後半までの核エネルギー言説を検討してきた。終章では、まず「被爆の記憶」と「原子力の夢」に関する輿論の流れを整理することで本書の議論を総括する。その上で、一九六〇年代以降の核エネルギーをめぐる輿論の変遷を概観し、改めて本書をより長い文脈の中に位置づけ、今後の議論の展望を開きたい。

「被爆の記憶」と「原子力の夢」の輿論

原爆被害の実相が公表できなかった占領初期の言説空間において、戦争を忌避する心情から、原爆はあくまで戦争抑止力としての留保つきではあるものの、肯定的に言及されていた。さらに放射性アイソトープの「平和利用」の展望が開けると、様々な「原子力の夢」が登場し、社会に浸透していく。その過程で重要な役割を果たしたのは、物理学者たちであり、彼らの言説を載せたメディアであった。そして、核兵器国際管理構想の挫折からソ連の原爆保有、朝鮮戦争へと至る時代のなかで、核戦争の危機感が次第に共有され、「軍事利用」は肯定的な評価の対象から外れていった。では、占領終結によって、「軍事利用」を否定し、「原子力の夢」を肯定する傾向も終わったのかというと、答えは逆であった。むしろ、その傾向は、占領終結によってさらに加速していくことになった。

一九五二年の夏には、センセーショナルな被爆写真の公開によって、視覚のレベルにおいても言説のレベルにおいても「被爆の記憶」が編成された。「被爆の記憶」が原水爆反対の文脈の中におかれることで、「軍事利用」への拒否感は科学者から国民大衆にいたるまで広がりつつあった一方で、「原子力の夢」は実現を目指して膨らんでいった。

「軍事利用」への拒否は、核エネルギー研究開発の方向性をめぐる科学者たちの議論においても前提とされていた。そこでは、日本のエネルギー問題や、世界の趨勢に遅れをとることを危惧する研究推進派と、現時点で研究を開始することはアメリカの支配下で研究を行うことと同義であり「軍事利用」研究に転換する恐れがあるとする慎重派が対立していた。また、学術会議総会における三村剛昂の反対は、いわゆる「反戦平和」的な当時の左翼陣営の常套句による反対意見ではなく、被爆者としての心情を色濃く反映させた独特の反対論であった。ただし、核エネルギー研究開発の方向性をめぐる議論には共通点があり、単純に「推進派対慎重派」と分けることはできない。両者は、ともに原子力研究を開始することを前提としており、放射線障害の問題はこの時点ではいかなる意味においても問題になることはなかったという点で、同根であった。争点はそれを開始する時期にすぎなかったのである。国民大衆が原水爆への拒否感を共有しつつあった当時の日本社会においては、核エネルギー研究開発はもっぱら「平和利用」のみでなければならず、それゆえに「平和利用」はまず科学者たちによってことさら喧伝され、輿論もそれに追随したのだと考えられる。

核エネルギー研究開発をめぐる科学者たちの議論が停滞していた中、原子力予算が突然提出され国会を通過し、さらに第五福竜丸事件が起こった。

第五福竜丸事件を契機に、杉並区の女性たちによる原水爆禁止署名運動が起ると、この運動は瞬く間に全国的に展開されるようになる。運動が広島・長崎とビキニとを接続することで、第五福竜丸事件が「被爆の記憶」に編入されるとともに、「死の灰」への恐怖から原水爆に反対する心情が定着した。

当初の署名運動は、具体的な政治目標を掲げないという安井郁の方針もあり、広島・長崎の被爆者救護の問題に取り組むことはなかったが、署名運動の波及によって、広島・長崎から被爆者救護の問題が掲げられるようになる。「中央」と広島・長崎の運動が合流することで、一九五五年に原水爆禁止世界大会が開催され、運動は未曽有の高まりを見せた。これによって、「被爆の記憶」を原水爆の反対の根拠とする態度が、戦後日本のナショナル・アイデンティティとなった。しかしながら、原水爆への拒否感は、当時進行していた「平和利用」キャンペーンの駆動力となっていくのであった。

一九五四年以降、「平和利用」に関する展覧会や博覧会とその報道、あるいは「平和利用」に期待する知識人の言説などによって、「原子力の夢」はかつてないほどに膨らんでいた。第五福竜丸事件のインパクトを受けて、数は少ないながらも原子力発電の推進に対する疑義が呈されていたが、当時進行していた「平和利用」キャンペーンは、その疑義をも飲み込むかたちで進行していった。

占領下から一九五〇年代半ばまでの時期に、被爆地広島で編成された核エネルギー言説には、なにか固有の論点を見出すことができるのだろうか。

まず挙げられるべきは被爆者救護運動である。これは被爆地の問題が、原水禁運動と合流することで全国的に広まった例であろう。また、文芸同人誌よりも左翼運動の詩サークル誌が原爆を主題にし続けたこともわかった。しばしば表現の類型化が問題になりながらも、原爆を現在時の課題として書き続けた市井の人々の取り組みを見逃すわけにはいかない。ただし「原子力の夢」に関していうと、広島は被爆体験を何とかポジティブなものに転化させたいという心情から、「原子力の夢」を支持していった。それは結果としてアメリカとマスメディア主導の「平和利用」キャンペーンを受け入れることになった。原水禁署名運動の隆盛期における広島の人びとが、被爆者の生活実態に目を向けつつ、被爆者と共に「原子力の夢」を見、自ら夢を膨らませていったという側面を否定しきるのは難しい。

これまで見てきたような「被爆の記憶」と「原子力の夢」の関係は、一九五〇年代の後半になって、変化を迎えた。核エネルギーの「平和利用」としての原子力発電は、政界と産業界が主導して実現に向かって突き進んでいたが、実現に向かうことで「夢」は「夢」でなくなった。「原子力の夢」は現実を前にして覚めつつあり、その代わりに原子炉の耐震性や、事故時の放射性物質の拡散など、新たな問題が浮上していた。メディアはこの問題を報じていたが、この問題が議論のアジェンダになることはなかった。議論が専門化・細分化していくことで、国民大衆の関心は離れ、原子力発電に関する専門知はブラックボックス化していった。一九五〇年代の後半以降は、「平和利用」への関心が失われつつあったからこそ、「平和利用」が急速に進んでいったのである。原発推進システムが機能し始めたのであるから、もはや「被爆の記憶」の後押しに頼る必要はなかった。

二〇一一年三月一一日の東日本大震災とそれによる原発事故以降、戦後日本が核エネルギーの「平和利用」キャンペーン一色に染められたことを問題視する議論は多く、言説を悉皆的に収集・分析した本書もその流れに位置づけられるであろう。ただ、本書が先行する議論と明らかに異なるのは、「被爆の記憶」と「原子力の夢」とが切り結んだ関係を検証した点と、「平和利用」を称揚する言説編成の場において、微小ながらも確かにそれに疑義を呈する言説が存在したことを示した点、そしてその後、原子力に関する専門知がブラックボックス化していく中で、国民大衆の関心が薄れ、核エネルギー研究開発に対する疑義が生まれにくくなったことを示した点だろう。

本書では、「被爆の記憶」と「原子力の夢」に関する輿論の変遷を考察するため、知識人言説とメディア言説を分析対象に据えた。しかし、充分には扱えなかった論点も多い。第三章では映画作品とその受容傾向を分析したが、当然ながら、核エネルギーに関する映画はそれらだけではない。新藤兼人『原爆の子』（一九五二年）、関川秀雄『ひろしま』（一九五三年）、本多猪四郎『ゴジラ』（一九五四年）、今井正『純愛物語』（一九五七年）といった映画については、本書で考察の対象にすることはできなかった。また、映画以外のポピュラーカルチャーについては、全く扱うことができていない。マンガやSF小説なども、当時の「被爆の記憶」と「原子力の夢」を見る上では有益な資料となるだろう。さらに、広島については考察することができたが、長崎についてはほとんど触れられなかった。核兵器の問題をめぐる科学者の国際運動として極めて重要な意義をもつパグウォッシュ会議と日本人科学者の参加についても、考察の対象外とせざるを得なかった。

その後の「被爆の記憶」と「原子力の夢」

では、本書が扱った期間の後、「被爆の記憶」と「原子力の夢」はいかなる変遷をたどったのだろうか。一九六〇年代以降の核エネルギーをめぐる輿論の変遷を概観して、本書の議論をより長い文脈の中に位置づけたい。

原水禁運動は、六〇年安保を契機に保守陣営が去った後、内部の党派対立が激化していった。一九六一年にソ連が核実験の一時停止を破って核実験を行うと、共産党とそのシンパはそれを肯定したため、核実験の絶対反対という路線を堅持していた社会党、総評との対立が明確になった。

さらに部分的核実験禁止条約をめぐっても社共は激しく対立した。米英ソによる部分的核実験禁止条約を社会党は歓迎していたが、この条約では地下核実験は許可されていたため、核保有国は賛同できても、これから核を保有しようとする中国にとっては不利な条約であり、中国を支持する日本共産党はこれを認めなかったのである。このようなイデオロギー闘争のなかで、「被爆の記憶」が顧みられることは相対的に減っていった。広島・長崎の声を取り入れることで、被爆者の実態に即した運動になり得たはずの原水禁運動は、被爆者を無視した党派対立によって機能不全に陥るのである。

その後、ベトナム戦争を契機に日本でも戦争の加害責任に関する議論が高まり、一九六九年には『長崎の証言』が発刊され、以後、被爆に関する証言記録運動が高まっていった。また、一九六七年から六八年にかけては原子力空母エンタープライズ号の寄港問題が輿論の焦点になった時期でもあった。

一方、「原子力の夢」の方はどうだろうか。第五章で扱ったコールダーホール改良型炉は東海村に設置され、一九六五年五月に日本初の商業用原子炉として臨界に達した。しかし、コールダーホール型はこの一基のみで、一九六〇年代後半から一九七〇年代初頭にかけては軽水炉の設置が進んだ。この頃には電力会社が先を争って軽水炉を導入し、地方自治体と手を取り合って、比較的「僻地」とみなされてきた海岸沿いに続々と原発が設置され、一九七〇年以降操業を開始していったのである。「人類の進歩と調和」を謳った一九七〇年の大阪万博は、敦賀原発の操業開始とセットで開幕し、万博の会場には原発から電気が送られた。なお、軽水炉へと舵を切る際には、もはやコールダーホール改良型炉導入の際のような安全性をめぐる論争は起こらなかった。

軽水炉の設置・操業とともに登場したのが、住民運動、市民運動としての「反原発」運動であった。一九六九年から一九七〇年にかけて、宮城県女川町、新潟県柏崎市、茨城県那珂湊市（現在は、ひたちなか市）で「反原発」運動が組織されたのである。これらの動きを担ったのは、地元住民だけではなかった。従来から反核運動に積極的だった左派勢力も、そこに強く関与していた。反米を基軸にした反核運動が「反原発」を取り込むなかで、原爆と原発を共に批判する視点が、それに賛同するか否かは別として、社会に認知され始めていた。

また、公害問題に加え、一九七二年にローマ・クラブが発表した『成長の限界』という報告によって、高度成長期が反省されるようになっていた。核エネルギーの「平和利用」推進を支えてきた科学による進歩思想が揺らぎつつあったことも、反対運動を後押しした。また、一九七三年にアメリカのハンフォードで起こった放射性廃棄物の漏出事故によって、放射性廃棄物(当時「死の灰汁」と呼ばれることもあった)の処理の問題が表面化した。[1] さらに一九七三年三月には、愛媛県伊方町の伊方原発の建設中止を求める訴訟が提起された。これ以降、東海第二発電所や福島第二原発などに対する訴訟が続々と起こっていく。さらに、原子力船「むつ」の放射線漏れが発覚し、漁民たちが「むつ」の帰港を認めないという事件も起こっていた。

このようにして、一九七〇年代は「平和利用」としての原子力発電に鋭い批判が呈されていくなかで、原爆と原発を共に批判する動きが登場するに至った。[2]「被爆の記憶」が「原子力の夢」への反対する理由として位置づけられるようになったのである。

しかし、原発推進の政策自体が揺らぐことはなかった。むしろ、政策としては、オイルショックに動じないエネルギー体制構築のために、原発はいっそう推進されたとみるべきであり、国民大衆もそれを支持していた。[3] 朝日新聞社が一九七八年一二月に行った世論調査において、「原子力発電を推進することに賛成か」という問いに対して、「賛成」が五五%、「反対」が二三%、「わからない、その他」が二二%であった。

しかし、一九七九年にスリーマイル島の原発で炉心融解事故が発生。同時期には米ソがヨーロッパで核弾頭を搭載可能な中距離ミサイルの配備を進めていたため、標的にされたヨーロッパ各国で広範な反核運動が起こり始めていた。これが一九八〇年代初頭までには世界規模の運動に発展し、日本においても環境思想と結びついた「反原発」の声が台頭していた。コンピューター技術や遺伝子組み換えに代表される生命科学、体外受精などに代表される先端医療技術に関する不安感の高まりもあり、科学技術に対する危惧は広まりつつあったと言える。

この傾向は一九八六年の旧ソ連ウクライナ・チェルノブイリ原発事故で一気に加速し、「脱原発」という語が登場した。その後は「反原発」・「脱原発」運動が盛り上がり、メディアもこれを大きく報じた。(4) 再び朝日新聞社の世論調査を引いておくと、「今後、原子力発電は、技術と管理しだいで安全なものにできると思いますか」という問いに対し、一九七九年の調査では「安全なものにできる」が五二%、「手におえない」が三三%であったのに対し、一九八八年の調査では前者が三二%、後者が五六%と逆転した。(5) しかし、高まった不安感が「反原発」「脱原発」の動きと合流し、それが社会の多数派を占めることは当時もその後もなかった。原発問題は話題となることも少なくなり、急速に忘れられていった。

むしろ近年では、温室効果ガスによる地球温暖化という問題がアジェンダ化し、「原子力ルネサンス」といわれる動きが世界で加速している。原子力発電は温室効果ガスを排出しないという点で、相対的に「クリーン」な発電だとされたこともあり、フィンランドが二〇〇五年に原子力発電所の建設を開始する。また、スウェーデンとイタリアは原子力撤廃政策を転換して再び原子力開発に舵を切った。(6) さらに、いわゆる発展途上国では、東南アジア諸国やトルコ、エジプトが原発建設計画を公表していた。そのような状況で、二〇一一年三月一一日を迎えたのである。

知の共同体の再編へ

一九六〇年代以降の核エネルギーをめぐる輿論は次のようなサイクルの連続であった。まず、公害問題や原発事故を契機にして核エネルギーの「平和利用」が批判的に捉えられるようになる。そして、その中で一九四五年の八月六日と九日が想起され、「被爆の記憶」は原発反対の根拠として位置づけられる。しかし、それらはすぐに沈静化してしまい、結局はなし崩し的に原発のリスクを選択し続けることになる、というサイクルである。このようなサイクルが生まれる背景には、第五章でふれたような一九五〇年代の原子力発電に関する知のブラックボックス化があったのではないだろうか。原子炉の耐震性や事故時の放射線拡散に関する専門知がブラックボックス化し、国民大衆がそこへアクセスするのは困難な状況では、「平和利用」を批判的に認識するのは不可能であり、批判的認識が育たない以上は、既に存在する原発を追認せざるをえない。これまで、原発に批判的な数人の科学者に焦点が当てられてきたが、そのことは裏を返せば、原発に関する専門的知識を有する集団と国民大衆とを結ぶ回路がいかに貧弱だったのかを示していよう。

一九六〇年代後半からは、「反原発」「脱原発」の声が、時代によって強弱はあるものの、持続的に起こっていた。しかし、残念なことに「反核」や「反原発」「脱原発」の声でそれらの問題が解決されたことは、これまでのところなかった。核兵器の廃絶や原発の停止を訴える声にも、確かに妥当性があるし、賛同できる点も多い。ただ、本書を振り返ったとき、このように思わないではいられない。「被爆の記憶」を、「平和利用」推進の根拠に位置付けたとしても、あるいは「反原発」の根拠に位置付けたとしても、そこでは「記憶」が、それ以外の解釈が許されないものとして神聖視されていることに変わりはないのではないか、と。本質主義的語りは言わば「踏み絵」のように機能し、人々に決断を迫る。そして「覚悟を決めようとするパトスは、否応なく覚悟を決めさせる世界を正当化する」[7]。

本書は、一九五〇年代に編成されつつあったナショナルな「被爆の記憶」が、「反原発」「脱原発」の思想と繋がらなかったことを否定的に捉えたものではない。広島と長崎の経験から、多くの国民が核兵器保有への拒否感を共有するに至った日本においては、核エネルギー研究開発は「平和利用」のみを目指すものでなければならなかった。それゆえに、教条的な本質主義の語りによって「被爆の記憶」が専有され、「平和利用」推進言説と「軍事利用」批判言説とが枝分かれしたまま大量に紡がれたのであろう。しかし、核エネルギー研究開発から、「軍事利用」の可能性とそれに伴うリスクを完全に排除することはできない。おそらくはそれをどこかで知りながら、戦後日本は「平和利用」へと舵を切った。核エネルギー研究開発の過程で「安全」や「平和」がことさら強調されたのもそのためではないだろうか。

戦後日本はながらく「ヒロシマ・ナガサキ」の名を掲げることで世界に向かって核兵器の廃絶を訴えてきた。二〇一一年三月一一日の東日本大震災とそれによる津波が引き起こした原発災害以降は、「ヒロシマ・ナガサキ」と「フクシマ」をつなぐような議論が登場するようにもなった。「ヒロシマ・ナガサキ」と「フクシマ」を結ぶ認識は、核エネルギーを「軍事利用」と「平和利用」とに区別することはできないという認識を示している点で、「反原発」「脱原発」の駆動力となっている。しかし、思い出すべきなのは、多くの人々が、チェルノブイリに代表される過去の原発事故を早急に忘れ去ってきたということである。それを考慮に入れたとき、「ヒロシマ・ナガサキ」と「フクシマ」をつなぐ議論が、これまで幾度となく繰り返されてきた本質主義的な語りの変奏に過ぎず、盛り上がっては忘れ去るというサイクルの一環ではないと言い切れる者がいるとは思えない。

核エネルギーを抱擁した戦後日本の輿論の変遷には、新たな専門知に対して社会はどのように対処すべきかという問題が埋め込まれている。むしろ、いま私たちが問うべきは、専門知をブラックボックスの中に押し込めて足れりとしてきた社会のあり方そのものなのではないだろうか。

註

（1）武谷三男『原子力発電』岩波書店、一九七六年、二三一—二三二頁。

（2）その先駆的試みとして、原爆体験を伝える会編『原爆から原発まで　核セミナーの記録』上下、アグネ、一九七五年がある。
（3）同右、一九一頁。
（4）関連する新聞記事が急増し、雑誌特集も盛んに組まれたことからも、社会の関心が「反原発」に集まっていたことがわかる。なかでも、従来の運動には関わらなかったような若者たちが「反原発」に注目していたことは興味深い。絓秀実が『反原発の思想史　冷戦からフクシマへ』（筑摩書房、二〇一二年）で指摘したように「サブカルチャーとしての反原発」が始まるのも、この頃だと考えられる。忌野清志郎やザ・ブルーハーツが「反原発ソング」を発表するも、大手レコード会社が発売を自粛したことが話題となった。また、核をテーマにした楽曲を制作するミュージシャンも増えていた。
（5）柴田鐵治、友清裕昭『原発国民世論　世論調査にみる原子力意識の変遷』ＥＲＣ出版、一九九九年、七五―七六頁。
（6）原子力安全委員会編『原子力安全白書』二〇一〇年、五頁。
（7）マックス・ホルクハイマー、テオドール・アドルノ『啓蒙の弁証法』徳永恂訳、岩波文庫、二〇〇七年、三〇九頁。

あとがき

もともと筆者は、修士課程で大江健三郎の核問題への関与を、一九六〇年代に限定して研究していた。博士後期課程に進学してからは、核時代の諸問題の根源に少しでも近づくためには特定年代の特定個人にこだわらないほうが良いと判断し、日本の物理学者たちの核エネルギー言説を分析対象に定めた。そして、一九五〇年代の科学雑誌における核エネルギー言説に関する論文を投稿し、査読結果を待っているなかで、二〇一一年の三月一一日を迎えた。

振り返れば、二〇世紀の末頃から、日本の経済成長が遠い過去の物語になったなかで、地球温暖化の問題が焦点化し、「省エネ」が喧伝されていた。そして東日本大震災以後は「節電」「脱原発」の文字がそこかしこに踊るようになった。震災を「足るを知る」社会への転換点として捉えるような語りがみられるようにもなった。右肩下がりの日本の現状を受け入れて身の丈にあった将来図を描こうということなのだろうか。

震災後にメディアが発信した様々なスローガン調の言葉には、一定の共感を覚えたものの、どこか屈折した思いがぬぐえなかった。気が付くと、小学校の頃に受けた「平和教育」を思い出していた。大江健三郎が好きな文学青年が、核の問題を研究しようと決めた際に浮かんだのと同じように。確か筆者は、修学旅行で訪れた平和記念公園の「原爆の子の像」の前で、何か一言述べた後、千羽鶴を捧げたはずだった。そのとき自分が何を言ったのか、正確には覚えていないが、大体の想像はつく。全くもって「正しい」と言うほかない文句を唱えることに、どこか虚しさを覚えていた気さえするのだが、それは現在時からの記憶の組み換えだろうか。いずれにせよ、どこか空疎なお題目に充填すべきは、熱意や信念だけではなく、なぜ空疎にならざるを得ないのかを問う思考なのではないのかと、修士課程の頃から思い続けてきた。

筆者は一九七〇年代以降の「反原発」「脱原発」の議論に強い関心を抱いてきたが、問題は「反原発」「脱原発」に至る議論の過程が共有されることなく、「反原発」「脱原発」へと雪崩をうち、それがなんとなく共有されたことにあると考える。議論なく気分が醸成されたという点では、一九五〇年代の核エネルギー「平和利用」の推進を思い起こしてしまう。そもそも「被爆経験があるから原発を推進しよう」という論理と「被爆経験があるから原発を推進してはならない」という論理、両者の論理を比べたところでそこに勝ち負けなどありはしない。勝ち負けがあるかのように装ってきたのはメディア言説であり、それを受け入れた国民大衆である。このことを意識せずして「脱原発」の流れにくみしても、実りは少なかろう。現在進行形の問題について言えることはあまりに少ない。それならば真摯に過去と向き合うしかあるまい。

本書を「核エネルギー言説の戦後史」としたのは、マスメディアや知識人の言説を通して表れる輿論とその変遷はもちろんのこと、実現しなかった可能性の芽に焦点を当て、なぜそれが実現しなかったのかを考えたかったからだ。歴史的事実を踏まえつつも、あるテーマがいかに議論され、報道され、受容されたのかということを重視した。それならば「核エネルギー観の戦後史」や「核エネルギー認識の戦後史」でも良いのではないか、という批判もあろうが、特定の「観」や「認識」を構成する最小単位としての言説に注目したいというのが、筆者の意図であった。

このようなことを考えながら本書をまとめた。内容についてはまだまだ至らない点が多い。お叱りの言葉をいただければ幸いである。

本書の初出は以下の通りである。なお、本書に組み入れる際に、既に発表している論文には大幅な加筆修正を施した。

序　章　書き下ろし
第一章　「核エネルギー言説の戦後史　原子核物理学者を中心に」『原爆文学研究』第八号、二〇〇九年一二月
第二章　「科学雑誌は核エネルギーを如何に語ったか　一九五〇年代の『科学朝日』『自然』『科学』の分析を手掛かりに」『マス・コミュニケーション研究』第七九号、二〇一一年八月

第三章　書き下ろし
第四章　「原爆投下以後、反原発以前　戦後日本と「平和」で「安全」な核エネルギー」『現代思想』第三九巻第七号、二〇一一年五月
第五章　書き下ろし
第六章　「占領下における被爆体験の「語り」　阿川弘之「年年歳歳」「八月六日」と大田洋子「屍の街」を手がかりに」『原爆文学研究』第一〇号、二〇一一年一二月。
第七章　書き下ろし
終　章　書き下ろし

本書をまとめるうえでは、多くの方にお世話になった。なによりもまず、野蛮で粗暴な筆者を受け入れてくださり、育ててくださった先生方に感謝しなければならない。

杉本淑彦先生は、筆者が学部生の頃から今日まで、一貫して暖かく指導してくださった。博士論文執筆中は、週に一度、一章ずつ検討する場を設けていただいた。杉本先生のご指導がなければ、本書をまとめることはできなかっただろう。自分の関心を既存の学問領域に当てはめることが出来ず、文学研究や文化社会学、歴史学を横断するような研究ができればいいなと漠然と考えていた筆者にとって、杉本先生のもとで学べたのは本当に幸運だった。

筆者は京都大学大学院文学研究科現代文化学専攻二十世紀学専修に所属していたが、大学院

のゼミでは現代史学専修の先生方からも指導を受けることができた。紀平英作先生、永井和先生、小野沢透先生は、乱暴な議論しかできなかった筆者に、いつも的確な助言をくださった。ゼミでの議論の際には、先生方のコメントに耳を澄ませ、緻密な議論の方法を学ぶことができた。今振り返っても、実に恵まれた環境だったと思う。

立命館大学の福間良明先生には、本書の構想段階から完成にいたるまでの間、何度も相談に乗っていただいた。ご多忙であったにもかかわらず、筆者の相談に嫌な顔一つされず、いつも鋭いコメントで鍛えて下さった。また、研究会やゼミで貴重な報告の機会を与えていただいた。教わった知識や資料は数えきれない。輿論のダイナミズムやメディア言説の背景にある諸力学の解明については、福間先生の講義や著作で学んだことが基礎になっている。

関西大学の山口誠先生からはメディア論の観点から、たくさんの有益な助言をいただいた。頭が固く融通の利かない筆者に、「WHY」や「HOW」を問うセンスと、問い続ける粘り強さを示してくださったのは山口先生である。その点では、京都精華大学の吉村和真先生からも多くを得ることができた。ポピュラーカルチャー研究の奥深さを知ることができたのも、先生のおかげである。山口先生と吉村先生には本書の草稿に目を通していただき、丁寧なアドバイスをいただいた。

また、京都府立大学の上杉和央先生からも幾多のアドバイスをいただいた。優しい上杉先生に話を聞いていただくだけで、暗い視界が少しは晴れたように思えた。NHKエンタープライズ・エグゼクティブプロデューサーの山登義明さんは、いつも叱咤激励してくださった。広島と長崎で番組制作経験がある山登さんのコメントは示唆に富んでおり、刺激的だった。

博士後期課程に進学してからは、広島大学の川口隆行先生に度々お世話になった。海の物とも山の物ともつかない筆者に何度も報告の場を与えてくださり、多くの資料を気兼ねなく貸してくださった。大阪府立大学の酒井隆史先生にも、お礼を言いたい。最前列に座って聴講した講義は、長い学生生活を振り返ってみても数えるほどしかないが、そのうちの一つは酒井先生の講義である。講義の後はいつも近くの韓国料理屋で「六限目」があり、マッコリを片手に議論を続けたことは忘れられない。いまでも何か考える際には、暴力に関する酒井先生の議論を念頭に置いている。

大阪大学の宇野田尚哉先生は、第七章で取り上げた『われらの詩』関連の資料を提供してくださった。また、同じく第七章で扱った『われらのうた』は、同誌の会員で第一九号以降は編集も担当された寺島洋一さんが『われらの詩』研究会に提供してくださった資料によった。寺島洋一さんと複写にご協力くださった宇野田尚哉先生には、記して感謝申し上げます。

その他、「原爆文学研究会」「戦争社会学研究会」「放射線／核／原子エネルギー研究会」「占領開拓期文化研究会」「世代と歴史研究会」「人文学の正午研究会」の皆様には、報告の機会を与えていただき、様々な角度から有意義なコメントを頂戴した。お一人ずつ名前を挙げられず心苦しいが、どうかご容赦いただきたい。

忘れてはならないのは、学友たちの存在だ。研究室で唸りながら執筆している筆者を暖かく励ましてくれた学友たちのおかげで、モチベーションを維持することができた。特に草稿にコメントしてくれた坂堅太さん、平野貴裕さん、森下達さん、能勢和宏さん、鈴木健雄さん、ありがとう。資料調査に協力してくださった広島平和記念資料館の福島在行さん、広島市公文書館の池本公三さん、都立第五福竜丸展示館の安田和也さん、広島市立中央図書館の方々、広島県立図書館の方々、資料調査を手伝ってくれた前田聡さんにも、感謝の意を表したい。

本作りに関しては全くの素人である筆者を導いてくださったのは、人文書院の編集者、松岡隆浩さんである。松岡さんとの打ち合わせは刺激的で、人文書院の社屋に足を運ぶのが楽しみだった。わがままをいつも寛容に聞き入れてくれた松岡さんのおかげで、何とか本書を完成させることができた。

最後に、いつも心配ばかりさせている両親に、この本を捧げます。

山本　昭宏

核エネルギー言説の戦後史・関連年表

	政治・経済・社会	「被爆の記憶」関連事項	「原子力の夢」関連事項
1945年	7・16 アメリカ、トリニティ実験実行。人類初の核実験	8・6 広島に原爆投下 8・9 長崎に原爆投下 9・16 原子爆弾災害調査特別委員会設置 11 湯川秀樹「静かに思う」『週刊朝日』	
1946年	7・1 アメリカがビキニ環礁で戦後初の核実験 11・3 日本国憲法公布	3 広島で『中国文化』創刊 3 仁科芳雄「原子爆弾」『世界』 9 阿川弘之「年年歳歳」『世界』 11 トルーマン大統領、ABCC（原爆傷害調査委員会）の設置を指令	1 国連第一回総会で、国連原子力委員会の設置が決まる 4 仁科芳雄「原子力の管理」『改造』 6 国連原子力委員会にアメリカがバルーク案を提出 8 アメリカ原子力委員会発足
1947年	5・3 日本国憲法施行	6 原民喜「夏の花」『三田文学』 12 阿川弘之「八月六日」『新潮』 12・7 昭和天皇、広島訪問	
1948年		8・6 広島平和祭、ノーモア・ヒロシマズの看板を掲示 10 呉にABCC研究所が完成 11 大田洋子『屍の街』（中央公論社） 11 小倉豊文『絶後の記録』（中央社）	
1949年	8・6 広島平和記念都市建設法公布 8・9 長崎国際文化都市建設法公布 9 ソ連、原爆保有を公表	1 永井隆『長崎の鐘』（日比谷出版社） 2 原民喜『夏の花』（能楽書房） 3 今村得之・大森実『ヒロシマの緑の芽』（世界文学社） 4 日本基督教青年会同盟『天よりの大いなる声』（東京トリビューン社） 5 ジョン・ハーシー『ヒロシマ』（法政大学出版局） 11 『われらの詩』創刊	7 国連原子力委員会、活動を一時停止。 11 湯川秀樹ノーベル賞受賞 12 宮里良保『原子の世界』（火星社）

1950年	6 朝鮮戦争勃発 7 占領軍が共産党とそのシンパの追放指示 8 警察予備隊令発布	3 ストックホルム・アピール 8・6 平和を守る会、ストックホルム・アピール署名運動開始 11 トルーマン大統領、朝鮮戦争での原爆使用を示唆	1 菊池駿一『湯川秀樹博士と原子力学』（富士書店）
1951年	1・10 仁科芳雄、死去 3・13 原民喜、列車自殺 5・1 永井隆、死去 9・8 サンフランシスコ講和条約調印	1 広島の比治山公園にABCCの研究所が新築され、宇品の仮研究所から移転 5 P.M.S.ブラッケット「恐怖・戦争・爆弾：原子力の軍事的・政治的意義」（法政大学出版局） 5 京都大学春季文化祭「わだつみの声にこたえる全学文化祭」で、同学会が原爆展を開催 7 京都大学同学会、丸物百貨店で「綜合原爆展」開催 8 吉川清、原爆被害者更生会結成 10 長田新編『原爆の子』（岩波書店） 11 『広島文学』創刊	2 『自然』（中央公論社）が、米国原子力委員会発行の「原子爆弾の効果」を訳載開始。
1952年	2 英、原爆保有を公表 4・28 サンフランシスコ講和条約発効 10 英、初の原爆実験	6 峠三吉『原爆詩集』（青木書店） 8 『岩波写真文庫　広島　戦争と都市』（岩波書店） 8 『婦人画報』、特集「原爆と私たちの道」を掲載 8・5 広島原爆慰霊碑完成 8・6 『アサヒグラフ』原爆被害特集号 11 『改造』、増刊号で特集「この原爆禍」を掲載	9 菊池正士「原子力研究に進め」『科学』 10・24 学術会議第13回総会で、茅・伏見提案をめぐる討論
1953年	7 朝鮮戦争の休戦調印 8 ソ連、水爆保有を公表	1〜4 『中国新聞』で第一次原爆文学論争 5 米、初の原子砲実験 11 『われらの詩』終刊	4・21 学術会議第14回総会で、原子核研究所の設置、原子力研究の可否検討の続行など決まる 5 佐々木宗雄・久世寛信『原子力の話』（筑摩書房） 12 アイゼンハワー大統領が国連総会で「Atoms for Peace」演説

1954年	1 米、原子力潜水艦ノーチラス号が進水 3・8 日米相互防衛援助（MSA）協定調印 7 防衛庁・自衛隊発足	3・1 第五福竜丸、ビキニで被爆。 3・16 『読売新聞』第五福竜丸の被爆を報道。 4・1 衆院本会議、「原子力の国際管理に関する決議」を可決 5・9 安井郁を議長とする原水爆禁止署名運動杉並協議会結成 8 『思想』、「特集・水爆　そのもたらす諸問題」 8・8 原水爆禁止署名運動全国協議会結成 9 久保山愛吉氏死去 11 『われらのうた』創刊	1・1〜2・9 『読売新聞』の連載「ついに太陽をとらえた」 1・21 アメリカの原子力潜水艦ノーチラス号進水 3・2 自由党、改進党、日本自由党の保守三党が原子力予算提出 3・18 原子核特別委員会、原子力問題に関し「民主・自主・公開」の三原則を基本にすることを決定 8・12 新宿伊勢丹で「だれにもわかる原子力展」開催
1955年	1 アメリカ第五福竜丸事件の慰謝料支払い決定	7 アメリカ、原子力砲「オネスト・ジョン」の配備公表 8・6 第一回原水爆禁止世界大会開催 8・9 長崎平和祈念像除幕式 8・24 広島原爆資料館開館 9・19 原水爆禁止日本協議会結成（事務総長は安井郁） 11 黒澤明「生きものの記録」	8 ジュネーブで第一回原子力平和利用国際会議開催 9 原子力平和利用調査会が『原子力新聞』を創刊 11・1 日比谷公園で原子力平和利用博覧会開催 11・15 日米原子力協定調印 12・19 原子力基本法・原子力委員会設置法公布
1956年	7 経済白書が「もはや戦後ではない」と明言	2 衆参両院で原水爆実験の禁止を要望する決議 8・9 長崎で第二回原水爆禁止世界大会開催 8・10 日本原水爆被害者団体協議会（被団協）結成 9 広島原爆病院、開院	1 原子力委員会設置 3 日本原子力産業会議発足 4 原子力研究所の設置場所が東海村に決まる 5 科学技術庁が発足 5・27 広島で原子力平和利用博覧会開催 8 日本原子燃料公社発足
1957年		3・1〜8・1 英政府、水爆実験のため、南太平洋クリスマス島周辺を危険区域に指定 7 第一回パグウォッシュ会議開催 11 亀井文夫「世界は恐怖する」	3 原子力産業会議、日本原子力平和利用基金を設置 7 国際原子力機関（IAEA）発足 8・27 東海村の実験用原子炉が臨界実験に成功

1958年	10 警職法改正案国会に提出される	5 原爆の子の像、完成	1 ヨーロッパ原子力共同体「ユーラトム（EURATOM）」発足 4・16～18 学術会議第二六回総会で、原子炉の安全性に関する申入れを、政府に行うことを決定 6 英コールダーホール原発でタービン事故 9・1 第二回原子力平和利用国際会議
1959年	3 総評、社会党を中心に安保改定阻止国民会議結成	7 日本原水協、安保反対声明 7 自民党安保反対声明を出した日本原水協を批判	6 大宮で実験用原子炉設置反対運動起こる 7・31 コールダーホール改良型炉の安全性をめぐって原子力委員会主催の公聴会が開催 8・22 コールダーホール改良型炉の安全性をめぐって学術会議主催の討論会が開催
1960年	2 仏、サハラ砂漠で初の核実験 5・20 衆院本会議で安保条約批准が強行採決 6・19 安保条約自然承認 7 岸内閣総辞職、池田内閣発足		12 関西実験用原子炉の設置場所が大阪府泉南の熊取町に決定

ま　行

や　行

ら　行

わ　行

さ 行

た 行

な 行

は 行

人名索引

著者略歴

山本昭宏（やまもと・あきひろ）

1984年、奈良県生れ。京都大学大学院文学研究科博士後期課程指導認定退学。日本学術振興会特別研究員、京都大学文学部・立命館大学経済学部非常勤講師を経て、2013年４月より神戸市外国語大学総合文化コース講師。専攻は現代文化学、メディア文化史。

論文に、「『夕凪の街 桜の国』と被爆の記憶」（『「反戦」と「好戦」のポピュラー・カルチャー』人文書院）、「科学雑誌は核エネルギーを如何に語ったか」（『マス・コミュニケーション研究』79号　第５回日本マス・コミュニケーション学会優秀論文賞）、「原爆投下以後、反原発以前」（『現代思想』2011年５月号）、「「ヒロシマ」研究の現状と展望」（『史林』第95巻第１号）など。

a.yamamoto1984@gmail.com

http://www.facebook.com/akihiroyamamoto1984

核エネルギー言説の戦後史1945－1960

――「被爆の記憶」と「原子力の夢」

2012年６月30日　初版第１刷発行

2013年４月30日　初版第２刷発行

著　者　山本昭宏

発行者　渡辺博史

発行所　人文書院

〒612-8447　京都市伏見区竹田西内畑町９

電話　075-603-1344　振替　01000-8-1103

印刷所　亜細亜印刷株式会社

製本所　坂井製本所

装　丁　間村俊一

ISBN978-4-409-24094-6　C1036

ポストフォーディズムの資本主義
社会科学と「ヒューマン・ネイチャー」
パオロ・ヴィルノ 著
柱本元彦訳
四六並二五二頁
価格二五〇〇円

資本と言語
ニューエコノミーのサイクルと危機
クリスティアン・マラッツィ著
水嶋一憲監修／柱本元彦訳
四六上二〇六頁
価格二五〇〇円

権力と抵抗
フーコー・ドゥルーズ・デリダ・アルチュセール
佐藤嘉幸
四六上三三二頁
価格三八〇〇円

新自由主義と権力
フーコーから現在性の哲学へ
佐藤嘉幸
四六上二〇〇頁
価格二四〇〇円

貧困の放置は罪なのか
グローバルな正義とコスモポリタニズム
伊藤恭彦
四六上二九八頁
価格三二〇〇円

「壁と卵」の現代中国論
リスク社会化する超大国とどう向き合うか
梶谷懐
四六並二六六頁
価格一九〇〇円

フリーダム・ドリームス
アメリカ黒人文化運動の歴史的想像力
ロビン・D・G・ケリー著
高廣凡子／篠原雅武訳
四六上三八〇頁
価格四五〇〇円

都市が壊れるとき
郊外の危機に対応できるのはどのような政治か
ジャック・ドンズロ著
宇城輝人訳
四六上二三六頁
価格二六〇〇円

（2013年４月現在、税抜）